普通高等教育"十三五"应用型规划教材

材料力学实验

主　编　靳帮虎
副主编　阳　桥　顾　颖

东南大学出版社
·南京·

内容简介

　　本书根据教育部工科力学教学指导委员会有关《工科力学课程教学改革的基本要求》编写而成，为与高等学校材料力学课程的教材配套使用的实验课教材。在编写过程中，注重材料力学实验教学的特点，在每项实验中，对实验目的、实验原理、设计性实验的设计方法、注意事项、实验报告的要求以及思考题均有较详细的叙述和较严格的要求。

　　本书可作为高等学校土建、机械、水利、汽车等工科专业材料力学的实验教材，也可作为材料力学实验单独设课时的教学用书，还可供从事材料强度研究的工程技术人员参考。

图书在版编目（CIP）数据

　材料力学实验/ 靳帮虎主编. —南京：东南大学
出版社，2018.1（2020.1 重印）
　ISBN 978 - 7 - 5641 - 7609 - 9

　Ⅰ.①材⋯　Ⅱ.①靳⋯　Ⅲ.①材料力学—实验—高等
学校—教材　Ⅳ.①TB301 - 33

　中国版本图书馆 CIP 数据核字（2018）第 000784 号

材料力学实验

出版发行： 东南大学出版社
社　　址： 南京市四牌楼 2 号　邮编：210096
出 版 人： 江建中
责任编辑： 史建农　戴坚敏
网　　址： http://www.seupress.com
电子邮箱： press@ seupress.com
经　　销： 全国各地新华书店
印　　刷： 丹阳兴华印务有限公司（电话：0511 - 86212151）
开　　本： 787mm × 1092mm　1/16
印　　张： 5
字　　数： 128 千字
版　　次： 2018 月 1 月第 1 版
印　　次： 2020 年 1 月第 2 次印刷
书　　号： ISBN 978 - 7 - 5641 - 7609 - 9
印　　数： 3001 ~4500 册
定　　价： 25.00 元

本社图书若有印装质量问题，请直接与营销部联系。电话 025 - 83791830

前　言

　　本教材根据普通高等学校力学基础课程教学指导分委员会的"材料力学课程教学基本要求",结合材料力学、工程力学等课程的教学大纲要求和材料力学实验室的实验仪器设备及实验内容编写而成。适用于工科院校材料力学基础实验教学,也可用于学生创新、综合能力训练,还可以供相关行业的技术人员参考使用。

　　本教材介绍了材料力学实验主要设备及仪器,以及大纲要求的基本实验,另外挑选了部分综合性实验和设计性实验供师生选用。可作为课内基础实验使用,建议开设金属材料轴向拉伸/压缩、金属材料扭转、纯弯曲梁正应力、弯扭组合正应力实验;也可作为实验课程单独开设,建议学时在 16～24 学时,可根据实验条件进行调整。

　　本书由武汉华夏理工学院靳帮虎主编,武汉华夏理工学院阳桥、安徽水利水电职业技术学院顾颖任副主编。具体分工如下:靳帮虎(第 1 章,第 3 章,第 4 章,第 5 章 5、7、8 小节)、阳桥(第 2 章,第 5 章 1、2、3 小节)、顾颖(第 5 章 4、6、9 节,第 6 章及附录部分)。本书参考了已出版的一些教材并选用了部分经典插图,在此对相关作者表示感谢。

　　由于编者水平有限,书中错误及不足之处在所难免,欢迎广大读者批评指正。

编者
2017 年 11 月

目　录

1

绪 论

1.1 材料力学实验的意义和任务

1.1.1 材料力学实验的意义

材料力学是一门研究构件承载能力的科学,而材料力学实验是材料力学教学的一个重要的实践性环节。科学史上许多重大的发明是依靠科学实验而得到的,材料力学中的一些理论和公式也是建立在实验、观察、推理、假设的基础上,它们的正确性还必须由实验来验证。我们在解决工程设计中的强度、刚度等问题时,首先要知道反映材料力学性能的参数,而这些参数也必须靠材料实验来测定。此外,对工程中一些受力和几何形状比较复杂的构件,难以用理论分析解决时,更需要用实验方法来寻求解答。因此材料力学实验不仅是理论的基础,同时又促进材料力学理论的发展,是科技工作者必须掌握的一个重要手段。

1.1.2 材料力学实验的任务

1. 为生产服务。材料力学性能的实验在构件的选材、设计、现场实测、事故分析等阶段内都扮演了重要角色。

2. 引入新技术、新方法,研究新的测试手段,得到新型材料的力学性能。

3. 为材料力学教学服务。材料力学的一些理论是以某些假设为基础的,例如:杆件的弯曲理论就以平面假设为基础。用实验验证这些理论的正确性和适用范围,有助于加深对理论的认识和理解。至于对新建立的理论和公式,用实验来验证更是必不可少的。实验是验证、修正和发展理论的必要手段。

1.2 材料力学实验的内容和方法

1.2.1 材料力学的研究内容

材料力学实验包含下面三个内容:

1. 材料的力学性能测定。材料的力学性能通常是通过拉伸、压缩、扭转等实验来测定的。通过这些实验,学会测量材料力学性能的基本方法。在工程上,各种材料的力学性能是设计不可缺少的依据,研究不断出现的新型合金材料、复合材料的首要任务就是力学性能的测定。

2. 检验已有的力学理论。在理论分析中,将实际问题抽象为理想模型,并做出某些科学假设(如平截面假定等),使问题得到简化,从而推出一般性结论和公式,这是理论研究中常用的方法,但是这些假设和结论是否正确、理论公式能否应用于实践之中,必须通过实验来验证。

3. 应力分析综合实验。在工程实践中,很多构件的形状和受力情况比较复杂,单纯依靠理论计算不易得到正解的结果,必须用实验的方法来了解构件的应力、应变分布规律,从而解决强度问题。

1.2.2　材料力学实验的方法

材料力学实验方法有机械测法、电测法、光弹性法,还有激光全息光弹性法等。采用何种方法取决于实验的目的和对实验精度的要求。一般来说,如要得到材料的力学性能则采用机械测法;仅需了解构件某一局部的应力分布,电测法比较合适;如需了解构件的整体应力分布,则以光弹性法为宜。有时也可将几种方法联合使用。例如:可用光弹性法判定构件危险截面的位置,再使用电测法测出危险截面的局部应力分布。

1.3　材料力学实验的标准和要求

1.3.1　材料力学实验的标准

材料的强度指标如屈服极限、强度极限、持久极限等,虽是材料的固有属性,但往往与试样的形状、尺寸、表面加工精度、加载速度、周围环境(温度、介质)等有关。为使实验结果能相互比较,国家标准对试样的取材、形状、尺寸、加工精度、实验手段和方法以及数据处理等都做了统一规定。我国国家标准的代号是 GB,国际标准的代号为 ISO。国际间需要做仲裁实验时,以国际标准为依据。

1.3.2　材料力学实验的要求

整理实验结果时,应剔除明显不合理的数据,并以表格或图线表明所得结果。若实验数据中的两个量之间存在线性关系,可用最小二乘法拟合为直线,然后进行计算。或者采用等量加载法,即每次加等量载荷,记录每次加载时得到的变形(应变),然后计算每次加载时的载荷增量和变形(应变)的增量,再计算载荷增量的平均值及变形(应变)的增量的平均值,用载荷增量的平均值及变形(应变)增量的平均值代入公式计算需要的物理量。数据运算的有效数位数要依据机器、仪表的测量精度来确定。有效数后面第一位数的进位规则,可按修约规则进行修约。最后,按要求写出实验报告。

2 主要实验设备及仪器介绍

测定材料力学性能的主要设备是材料试验机。常用的材料试验机有拉力试验机、压力试验机、扭转试验机、冲击试验机、疲劳试验机等。能兼作拉伸、压缩、剪切、弯曲等多种实验的试验机称为万能材料试验机。根据加力的性质可分为静荷试验机和动荷试验机。供静力实验用的万能材料试验机有液压式、机械式、电子式等类型。

2.1 液压式万能材料试验机

现以国产 WE 系列为例介绍液压式万能材料试验机。图 2-1 为这一系列中最常见的 WE-100A、300、600 试验机的结构简图。现分别介绍其加载系统和测力系统。

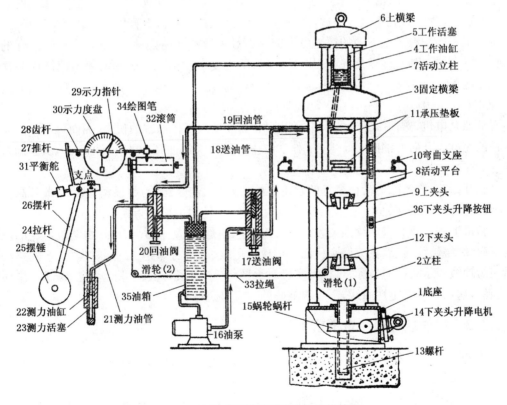

图 2-1 液压式万能材料试验机结构简图

2.1.1 加载系统

在底座 1 上由两根固定立柱 2 和固定横梁 3 组成承载框架。工作油缸 4 固定于框架上。

在工作油缸的工作活塞 5 上,支承着由上横梁 6、活动立柱 7 和活动平台 8 组成的活动框架。当油泵 16 开动时,油液通过送油阀 17,经送油管 18 进入工作油缸,把工作活塞 5 连同活动平台 8 一同顶起。这样,如把试样安装于上夹头 9 和下夹头 12 之间,由于下夹头固定,上夹头随活动平台上升,试样将受到拉伸。若把试样置放于两个承压垫板 11 之间,或将受弯试件置放于两个弯曲支座 10 上,则因固定横梁不动而活动平台上升,试样将分别受到压缩或弯曲。此外,试验开始前如欲调整上、下夹头之间的距离,则可开动电机 14,驱动螺杆 13,便使下夹头 12 上升或下降。但电机 14 不能用来给试样施加压力。

2.1.2　测力系统

加载时,开动油泵电机,打开送油阀 17,油泵把油液送入工作油缸 4 顶起工作活塞 5 给试样加载;同时,油液经回油管 19 及测力油管 21(这时回油阀 20 是关闭的,油液不能流回油箱),进入测力油缸 22,压迫测力活塞 23,使它带动拉杆 24 向下移动,从而迫使摆杆 26 和摆锤 25 连同推杆 27 绕支点偏转。推杆偏转时,推动齿杆 28 做水平移动,于是驱动示力度盘的指针齿轮,使示力指针 29 绕示力度盘 30 的中心旋转。示力指针旋转的角度与测力油缸活塞上的总压力(即拉杆 24 所受拉力)成正比。因为测力油缸和工作油缸中油压压强相同,两个油缸活塞上的总压力成正比(活塞面积之比)。这样,示力指针的转角便与工作油缸活塞上的总压力,亦即试样所受载荷成正比。经过标定便可使指针在示力度盘上直接指示载荷的大小。

试验机一般配有重量不同的摆锤可供选择。对重量不同的摆锤,使示力指针转同样的转角,所需油压并不相同,即载荷并不相同。所以,示力度盘上由刻度表示的测力范围应与摆锤的重量相匹配。以 WE－300 试验机为例,它配有 A、B、C 三种摆锤。摆锤 A 对应的测力范围为 0～60 kN,A＋B 对应 0～150 kN,A＋B＋C 对应 0～300 kN。

开动油泵电机,送油阀开启的大小可以调节油液进入工作油缸的快慢,因而可用以控制增加载荷的速度。开启回油阀 20,可使工作油缸中的油液经回油管 19 泻回油箱 35,从而卸减试样所受载荷。

试验开始前,为消除活动框架等的自重影响,应开动油泵送油,将活动平台略微升高。然后调节测力部分的平衡铊 31,使摆杆保持垂直位置,并使示力指针指在零点。

试验机上一般还有自动绘图装置。它的工作原理是,活动平台上升时,由绕过滑轮的拉绳带动滚筒 32 绕轴线转动,在滚筒圆柱面上构成沿周线表示位移的坐标;同时齿杆 28 的移动构成沿滚筒轴线表示载荷的坐标。这样,实验时绘图笔 34 在滚筒上就可自动绘出载荷-位移曲线。当然,这只是一条定性曲线,不是很准确的。

2.1.3　操作规程和注意事项

1. 根据试样尺寸和材料,估计最大载荷,选定相应的示力度盘和摆锤重量。需要自动绘图时,事先应将滚筒上的纸和笔装妥。

2. 先关闭送油阀和回油阀,再开动油泵电机。待油泵工作正常后,开启送油阀将活动平台升高约 10 mm,以消除其自重。然后关闭送油阀,安装好试样,调整示力度盘指针使它指在零点。

3. 安装拉伸试样时,可开动下夹头升降按钮 36 以调整下夹头位置,试样安装好后就不能再启动调位电机。

4. 缓慢开启送油阀,给试样平稳加载。应避免油阀开启过大进油太快。实验进行中,注意不要触动摆杆或摆锤。

5. 实验完毕,关闭送油阀,停止油泵工作。破坏性实验先取下试样,再缓缓打开回油阀将油液放回油箱;非破坏性实验,自然应先开回油阀卸载后才能取下试样。

2.2 机械式万能材料试验机

机械式万能材料试验机是一种靠机械传动加力和测力的专用设备,这种试验机也可做拉伸、压缩、弯曲、剪切等试验。现以 ZDM 型号的试验机为例介绍机械式万能试验机。其结构简图如图 2-2 所示。

2.2.1 加载系统

由底座 4、两个固定立柱 6 和上横头 16 组成承力固定框架。框架中间装有活动台 12,在活动台的上空间可分别进行拉伸、压缩、弯曲、剪切等实验。这种试验机可分别用电动和手摇装置加载。用电动加载时要先将离合器手柄 10 置于"慢速"位置,再开启主电动机 1,通过无级变速器 2 带动底座中的蜗轮螺杆 3 转动。通过螺杆 5 带动活动台 12 和上下夹头 15 沿导轨 14 向下或向上移动,试件装夹在上夹头和下夹头中间,活动台向下移动使试样受拉伸,向上移动使试样受压缩。可通过转动调速手轮 8 来调节加载速度,手轮上的标刻值是指下夹头的移动速度,其速度范围为 5~30 mm/min。注意,只有在电动机运转的情况下,才能通过手轮调节加载速度。为了防止随便转动手轮 8,平时应该用锁紧手柄 9 将手轮卡紧,以免损坏机件。需要手动慢速加载时,将离合器手柄 10 调到"手动"位置,再摇动手柄 7 使下夹头移动。

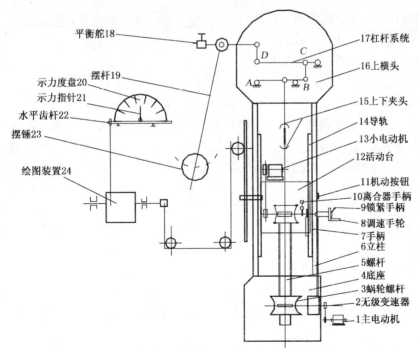

图 2-2 机械式万能材料试验机结构简图

如果需要快速调整上下夹头之间的距离,要先将离合器手柄 10 调到"快速"位置,这时主电动机 1 和小电动机 13 同时工作,它们带动螺杆 5 较快转动,从而使下夹头快速移动。开启小电动机 13 要注意两点:第一,它的功率很小,只能空载运行。第二,它的速度很快,要注意及时停机,防止上下夹头冲撞而损坏电动机。

2.2.2　测力系统

试件安装在上下夹头之间,载荷通过 AB 和 CD 两级杠杆系统 17 传递,带动摆锤 23 绕支点转动而抬起。AB 杠杆有两个支点,试样受拉时,以 A 为支点,B 脱离;试样受压时,会自动以 B 为支点,A 脱离。从而无论试样受拉还是受压,CD 杠杆的动作均一致,摆锤也总向一个方向摆动,推动水平齿杆 22 移动,在示力度盘 20 上便可读出试件承受的拉力或压力大小。这种试验机的摆锤分 A、B、C 三种,对于 100 kN 的试验机,对应的测力范围分别为 0~20 kN、0~50 kN、0~100 kN。

上夹头及杠杆系统的重量由平衡铊 18 来平衡。实验开始前调整平衡铊使摆杆 19 保持垂直,示力指针 21 对准零点。由于这种试验机的结构特点,零点不易变更,所以无须经常调整零点。

2.2.3　操作步骤和注意事项

1. 根据要求准备好相应的试件夹头。检查离合器、调速手轮和有关保险开关是否在正确位置上。

2. 估算所需的最大载荷,选择测力度盘,配置相应的摆锤。调节摆杆垂直,调整指针零点。

3. 安装试样。如果夹头距离不合适,就要开机调整活动台到合适位置,停机后再装夹试样。对于拉伸试验,要把上下夹头锁紧。

4. 调整安装好绘图系统以及笔和纸等。

5. 正式试验加载。

手动加载:先把离合器手柄置于"手动"位置,再摇动手柄加载。

电动加载:要将离合器手柄置于"慢速"位置,然后开动主电动机 1 加载。需要时可通过调速手轮 8 来变更加载速度。

6. 实验完毕,立即停机。取下试件,一切复原。

2.2.4　注意事项

1. 为了使离合器的齿轮能很好啮合,将离合器手柄向"手动"位置调节的同时,要转动手摇加载手柄。

2. 必须在加载电动机运转的条件下,转动调速手轮,才能实现电动加载调速。

3. 要使电动机改变运转方向,必须先停机,然后再换向。

4. 试验机运转时,操作者不得擅自离开,不得触动摆锤,有异常现象或发生任何故障,必须立即停机。

5. 小电动机 13 只能用于快速调节活动台的升降,严禁用于加载或卸载。

2.3 电子万能材料试验机

电子万能材料试验机是采用各类传感器进行力和变形检测,通过微机控制的新型机械式试验机。由于采用了传感技术、自动化检测和微机控制等先进的测控技术,它不仅可以完成拉伸、压缩、弯曲、剪切等常规试验,还能进行材料的断裂性能研究以及完成载荷或变形循环、恒加载速率、恒变形速率、蠕变、松弛和应变疲劳等一系列静、动态力学性能试验。此外,它还具有测量精度高、加载控制简单、试验范围宽等特点,以及提供较好的人机交互界面,具备对整个试验过程进行预设和监控、直接提供试验分析结果和试验报告、试验数据和试验过程再现等优点。

现以 Instron 5882 电子万能材料试验机(见图 2-3)为例,简单介绍其构造原理和使用方法(见图 2-4)。该机采用全数字化控制,配备载荷传感器、电子引伸计、光电位移编码器等传感器,机械加载部分采用直流伺服控制系统控制预应力滚珠丝杠带动横梁移动。

图 2-3 电子万能材料试验机

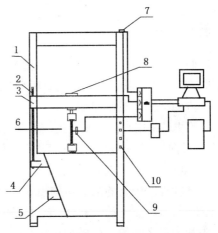

图 2-4 电子万能材料试验机结构简图
1—主机;2—滚珠丝杠;3—活动横梁;4—齿轮传动机构;5—伺服电机;6—试件;7—光电位移编码器;8—力传感器;9—电子引伸计;10—点动控制按钮

2.3.1 工作原理

在测试系统接通电源后,微机按试验前设定的数值发出横梁移动指令,该指令通过伺服控制系统控制主机内部的伺服电机转动,经过皮带、齿轮等减速机构后驱动左、右丝杠转动,由活动横梁内与之啮合的螺母带动横梁上升或下降。装上试样后,试验机可通过载荷、应变、位移传感器获得相应的信号,该信号放大后通过 A/D 进行数据采集和转换,并将数据传递给微机。微机一方面对数据进行处理,以图形及数值形式在微机显示器上反映出来;另一方面将处理后的信号与初始设定值进行比较,调节横梁移动改变输出量,并将调整后的输出量传递给伺服控制系统,从而可达到恒速率、恒应变、恒应力等高要求的控制需要。

2.3.2 操作方法

由于 Instron 5882 电子万能材料试验机采用了全数字化控制技术,因此,其工作过程均通过软件操作来实现。下面结合常用的 Merlin 软件来介绍操作方法。

1. 依次合上主机、控制器、计算机系统的电源，一般要求预热一会儿。

2. 直接点击计算机桌面上的 Merlin 图标，打开软件，进入试验方法模式，如以前已编好了试验方法，可直接点击进入；如果没有，可点击最下方的 Merlin，查找合适的试验法。

3. 选定所要的试验方法后，输入相关的试验参数，如：加载速率、试样尺寸、数据采集模式和所需试验结果等，最后存储方法。

4. 安装试样，检查设备的上下限保护是否设置正确。

5. 启动试验，并注意观察，若发生意外立即终止试验。

6. 试验完成后，存储试验数据，根据需要提供试验分析结果或打印试验报告。

7. 将主机的横梁回位，以免接着试验时，造成软件与主机连接不上。

8. 实验完毕，关闭 Merlin 软件，关闭计算机系统，关闭控制器，关闭主机电源，最后切断总电源。

9. 清洁主机，填写设备使用记录。

2.4 扭转试验机

扭转试验机是专门用来对试样施加扭矩，测定扭矩大小的设备。它的类型较多，结构形式也各有不同，但一般都是由加载和测力两个基本部分组成。现以 WDW 型扭转试验机为例说明扭转试验机的结构及工作原理。

这种试验机是采用直流伺服电机加载、杠杆电子自动平衡测力和可控硅无级调速控制加载速度，具有正反向加载、精度较高、速度宽广等优点。最大扭矩分别为 500 N·m（NDW 30500）、1 000 N·m（NDW 31000），加载速度 0.036°/min～360°/min，工作空间 550 mm。

安装在试验机溜板上的加载机构由滚珠轴承支持在机座的导轨上，可以前后滑动。加载时，打开电源开关，直流电动机转动，通过减速齿轮箱的两级减速，带动活动夹头转动，从而对安装在夹头和夹头之间的试件施加扭矩。

图 2-5　NDW 30500 电子扭转试验机

1. 开机步骤：打开计算机主机显示器开关（仅限微机控制）；运行试验程序，点击联机，试验程序中，已连接通道的显示值实时变化，表示已正常连接。

2. 安装夹具,装夹试样。夹持试样前清零。

注:做拉伸试验时,先安装靠近传感器一边的夹具夹持试样,然后安装另一边试样。

3. 装夹变形装置(配有变形装置时),装夹变形后清零。

4. 在试验程序中,建立新试验组,设置参数。注意参数中停车条件。

5. 开始试验。试验过程中,如发现异常现象,应立即停车检查,排除故障后方可继续工作。必要时按"紧急停车"按钮。

6. 实验完成后,将试样卸下,保持试验机空载状态。

7. 停止试验机运转,关闭钥匙开关,切断电源。

8. 清理工作现场,擦拭试验机,定期在裸露的运动部件上涂油。

2.5 组合式材料力学多功能实验台

组合式材料力学多功能实验台是方便同学们自己动手做材料力学电测实验的设备,一个实验台可做多种电测实验,功能全面,操作简单。

2.5.1 构造及工作原理

1. 外形结构

XL3418S 材料力学实验装置采用钢板底座,悬臂式加载机构,可旋转改换位置进行材料力学实验。表面经过细致处理并通过喷塑加工使产品外观和牢固程度大大提高,结构紧固耐用。其外形结构如图 2-6。

2. 加载原理

加载机构为内置式,采用蜗轮蜗杆及螺旋传动的原理,在不产生对轮齿破坏的情况下,对试件进行施力加载。该设计采用了两种省力机械机构组合在一起,将手轮的转动变成了螺旋千斤加载的直线运动,具有操作省力、加载稳定等特点。

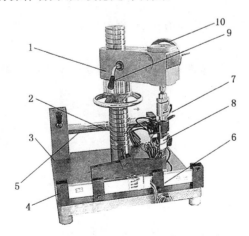

图 2-6 组合式材料力学多功能实验台

1—加载臂;2—加载臂升降手轮;3—悬臂梁、等强度梁安装支座;4—扭转筒锁紧手柄;5—扭转筒;6—纯弯曲梁;7—拉伸、偏心拉伸试件;8—拉压力传感器;9—加载臂锁紧手柄;10—加载手轮

3. 工作机理

实验台采用蜗杆和螺旋复合加载机构,通过传感器及过渡加载附件对试件进行施力加载,加载力大小经拉压力传感器由力 & 应变综合参数测试仪的测力部分测出所施加的力值;各试件的受力变形,通过力 & 应变综合参数测试仪的测试应变部分显示出来,该测试设备备有微机接口,所有数据可由计算机分析处理并打印。

2.5.2 操作步骤

1. 将所做实验的试件通过有关附件连接到实验台相应位置,连接拉压力传感器和加载件到加载机构上去。

2. 连接传感器电缆线到仪器传感器输入插座,连接应变片导线到仪器的各个通道接口上去。

3. 打开仪器电源,预热 20 分钟左右,输入传感器量程及灵敏度和应变片灵敏系数(一般首次使用时已调好,如实验项目及传感器没有改变,可不必重新设置),在不加载的情况下将测力量和应变量调至零。

4. 在初始值以上对各试件进行分级加载,转动手轮速度要均匀,记下各级力值和试件产生的应变值进行计算、分析和验证。如已与微机连接,则全部数据可由计算机进行简单的分析并打印。

2.5.3 注意事项

1. 每次实验最好先将试件摆放好,仪器接通电源,打开仪器预热 20 分钟左右,讲完课再做实验。

2. 各项实验不得超过规定的终载的最大拉压力。

3. 加载机构作用行程为 50 mm,手轮转动快到行程末端时应缓慢转动,以免撞坏有关定位件。

4. 所有实验进行完后,应释放加力机构,最好拆下试件,以免闲杂人员乱动损坏传感器和有关试件。

5. 蜗杆加载机构每半年或定期加润滑机油,避免干磨损而缩短使用寿命。

3 材料的基本力学性能实验

材料的力学性能是指材料抵抗各种外加载荷的能力,其中包括弹性和强度、刚度、塑性等,它们是衡量材料性能极其重要的指标。常温、静载下的材料力学性能实验中应用较为广泛的有拉伸实验、压缩实验、扭转实验、冲击实验等。

3.1 金属材料拉伸实验

3.1.1 实验意义

常温、静载下的轴向拉伸实验是材料力学实验中最基本、应用最广泛的实验。通过拉伸实验可以全面地评价材料的力学性能,如:弹性、塑性、强度、变形等力学性能指标。这些性能指标对材料力学的分析计算、工程设计、选择材料和新材料开发都有极其重要的作用。

3.1.2 实验目的

1. 测定低碳钢的屈服强度 σ_s、抗拉强度 σ_b、断后延伸率 δ 和断面收缩率 ψ。
2. 测定铸铁的抗拉强度 σ_b。
3. 观察上述两种材料在拉伸过程中的各种现象,并绘制拉伸图(P - ΔL 曲线)。
4. 分析比较低碳钢和铸铁的力学性能特点与试样破坏特征。

3.1.3 实验设备及测量仪器

1. 电子万能材料试验机。
2. 游标卡尺。

3.1.4 试样制备

试样的制备应按照相关的产品标准或 GB/T 228.1—2002 的要求切取样坯和制备试样。依据此标准,拉伸试样分为比例试样和非比例试样两种,试样的横截面形状有圆形和矩形。这两种试样便于机械加工,也便于尺寸的测量和夹具的设计。本实验所用的拉伸试样是经机械加工制成的圆形横截面的比例试样,即 $L_0 = (50 \sim 100)\text{mm}$、$d = (5 \sim 10)\text{mm}$。如图 3-1(a) 所示。

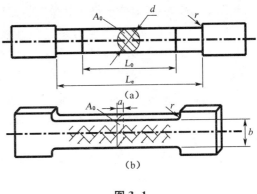

图 3-1

图 3-1(a)中 L_e 为试样平行长度，L_0 为试样原始标距(即测量变形的长度)，d 为圆形试样平行长度部分原始直径。图 3-1(b)为矩形截面试样，其中 a 为矩形试样的原始厚度，b 为矩形试样平行部分原始宽度，A_0 为试样平行部分原始横截面面积，r 为试样两端较粗部分到平行部分过渡圆弧半径。拉伸试样由夹持段、过渡段和平行段构成。试样两端较粗部分为夹持段，其形状和尺寸可根据试验机夹头情况而定。过渡段常采用圆弧形状，使夹持段与平行段光滑连接。

3.1.5 实验原理

依据国家标准 GB/T 228.1—2002《金属材料拉伸试验　第 1 部分:室温试验方法》分别叙述如下:

1. 低碳钢试样。在拉伸实验时,利用试验机的自动绘图软件可绘出低碳钢的拉伸曲线:图 3-2 所示为拉力—横梁位移(P-ΔL)曲线;图 3-3 所示为应力—应变(σ-ε)曲线,应力—应变曲线与拉伸图曲线相似,曲线表征了材料的力学性能。

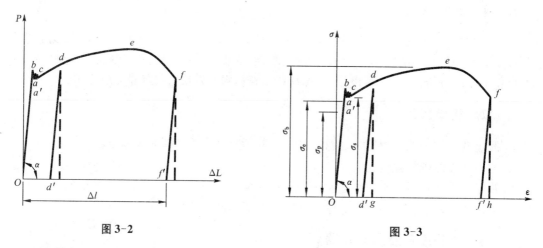

图 3-2　　　　　　　　　　　　　　图 3-3

拉伸实验过程分为四个阶段,如图 3-2 或图 3-3 所示。

(1) 弹性阶段 Oa。在此阶段中拉力和伸长成正比关系,表明低碳钢试样的应力与应变为线性关系,完全遵循虎克定律,如图 3-3 所示。当应力继续增加到 aa' 段时,应力和应变的关系不再是线性关系,但变形仍然是弹性的,即:卸除拉力后变形完全消失。

(2) 屈服阶段 $a'c$。当应力超过弹性极限到达锯齿状曲线时,若试样表面经过磨光,可看到表征晶体滑移的迹线,大约在与试样轴线成 45°角方向。这种现象表征试样承受的拉力在小范围内波动的情况下变形却继续伸长,称为材料的屈服。锯齿状曲线的最高点与最低点分别所对应的应力为上、下屈服点。下屈服点比较稳定,故工程中一般只定下屈服点的应力为屈服应力 σ_s(屈服极限、屈服强度)。屈服应力是衡量材料强度的一个重要指标。

(3) 强化阶段 ce。过了屈服阶段以后,试样材料因塑性变形,其内部晶体组织结构重新得到了调整,其抵抗变形的能力有所增强。ce 曲线段称为强化阶段。该阶段材料的变形抵抗能力提高,塑性降低。当拉力增加,拉伸曲线到达顶点 e 时,对应的应力为抗拉强度 σ_b。

(4) 局部变形阶段 ef(颈缩和断裂阶段)。在到达顶点 e 以后,变形主要集中于试样的某一局部区域,该处横截面面积急剧减小,这种现象即是"颈缩"现象,此时拉力随着下降,直至试样被拉断,其断口形状呈碗状,如图 3-4(a)所示。试样拉断后,弹性变形立即消失,而塑性变形则保留在拉断的试样上。利用试样标距内的塑性变形来计算材料的断后延伸率 δ 和断面收缩率 ψ。

2. 铸铁试样。做拉伸实验时,利用试验机的自动绘图软件可绘出铸铁的拉伸曲线,如图 3-5所示。在整个拉伸过程中变形很小,无屈服、颈缩现象,拉伸曲线无直线段,可以近似认为经弹性阶段直接断裂,其断口是平齐粗糙的,如图 3-4(b)所示。

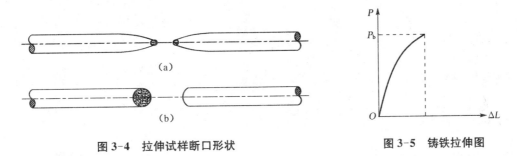

图 3-4　拉伸试样断口形状　　　　　　　图 3-5　铸铁拉伸图

3.1.6　实验步骤

1. 本次实验采用圆形截面试样,用游标卡尺分别在试样标距范围内两个相互垂直的方向上各测一次横截面直径,精确到 0.02 mm,取其算术平均值。选用标距上、中、下三处中的最小直径值,以此值计算横截面面积。

2. 打开试验机电源、微机电源并预热。

3. 进入软件控制程序。

4. 点击"试样录入",输入:试验材料-金属;试验方法-拉伸;试验编号-统一编组号(储存试验数据的文件夹的文件名);试样形状-圆形;原始标距- 100;直径-试样的最小直径值。然后点击"保存"→"关闭"。

5. 将试样安装固定在下夹头,点击"联机",移动横梁到合适位置,将力和位移清零。

6. 点击"参数设置",横梁位移速度:3 mm/min,最大力、下屈服力等,其他参数为机器内设定,不要更改,点击"下一步",直到"关闭"。

7. 选取试样编组号,选择"试验力-位移曲线",再用上夹头将试样夹紧。

8. 点击"试验开始",开始试验,直到试样断裂。

9. 点击"脱机",退出微机控制系统,卸下试样。

10. 点击"数据管理"和"分析",抄录实验数据和曲线。

11. 关机,清理现场。

注意:1. 在实验过程中,要求均匀缓慢地进行加载。低碳钢试样在弹性阶段、屈服阶段横梁位移速度为 3 mm/min,进入强化阶段后可改为(13~15)mm/min。

2. 为了测定断后伸长率,应将试样断裂的部分仔细地配接在一起使其轴线处于同一直线上,并采取特别措施确保试样断裂部分适当接触后,分别测量断后标距 L_u 和颈缩处的最小直径 d_u,再计算颈缩处的最小面积 A_u。

3.1.7 实验结果处理

根据试验测定的数据,分别计算材料的强度指标和塑性指标。

1. 低碳钢强度指标

屈服强度：
$$\sigma_s = \frac{P_s}{A_0} \tag{3.1-1}$$

抗拉强度：
$$\sigma_b = \frac{P_b}{A_0} \tag{3.1-2}$$

2. 塑性指标

断后延伸率：
$$\delta = \frac{L_u - L_0}{L_0} \times 100\% \tag{3.1-3}$$

断后截面收缩率：
$$\psi = \frac{A_u - A_0}{A_0} \times 100\% \tag{3.1-4}$$

3. 铸铁强度指标

抗拉强度：
$$\sigma_b = \frac{P_b}{A_0} \tag{3.1-5}$$

4. 绘出拉伸过程中的 $P - \Delta L$ 曲线,对实验中的各种现象进行分析比较,并写进实验报告中。

3.1.8 思考题

1. 试验中如何观察低碳钢试样进入屈服阶段?
2. 比较低碳钢拉伸、铸铁拉伸的断口形状,简单分析其破坏的力学原因。

3.2 金属材料的压缩实验

3.2.1 实验意义

工程中常用的塑性材料与脆性材料的抗压、抗拉性能是不同的,因此测定材料受压时的力学性能也是十分重要的。压缩实验同拉伸实验一样,也是测定材料在常温、静载、单向受载下力学性能的最常用、最基本实验之一。

3.2.2 实验目的

1. 测定低碳钢压缩时的屈服强度 σ_{sc}。
2. 测定铸铁压缩时的抗压强度 σ_{bc}。
3. 观察并比较低碳钢和铸铁在压缩时的变形和破坏现象。

3.2.3 实验设备及量具

1. 电子万能材料试验机。
2. 游标卡尺。

3.2.4 试样制备

按照国家标准 GB/T 7314—2017《金属材料室温压缩试验方法》,金属材料的压缩试样多采用圆柱体,为了尽量使试样受轴向压力,加工试样时,必须有合理的加工工艺,以保证两端面的平行,并与轴线垂直。本实验所用的低碳钢压缩试样和铸铁压缩试样都是 $L \leqslant 2d_0$,$d_0 =$ 10 mm,见图 3-6。

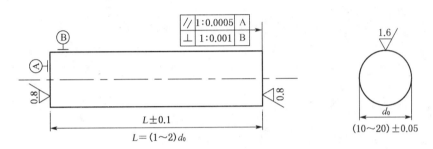

图 3-6　圆柱体试样

3.2.5 实验原理

以低碳钢为代表的塑性材料,轴向压缩时会产生很大的横向变形,但由于试样两端面与试验机支承垫板间存在摩擦力,约束了这种横向变形,两端面的横向变形不大,故试样中间部分出现显著的鼓胀,如图 3-7 所示。

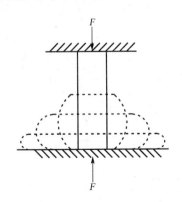

图 3-7　低碳钢压缩时的鼓胀效应

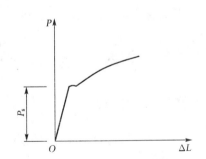

图 3-8　低碳钢压缩曲线

塑性材料在压缩过程中的弹性模量、屈服点与拉伸时相近,但在到达屈服阶段时不像拉伸实验时那样明显,因此要仔细观察才能确定屈服极限 σ_{sc}。当继续加载时,试样越压越扁,由于横截面面积不断增大,压缩载荷也随之提高,曲线持续上升,如图 3-8 所示。除非试样过分鼓出变形,导致柱体表面开裂,否则塑性材料将不会破碎。因此,一般不测塑性材料的抗压强度,而通常认为抗压屈服强度等于抗拉屈服强度（$\sigma_{sc} = \sigma_s$）。

以铸铁为代表的脆性金属材料，由于塑性变形很小，力与位移曲线是一根较陡的曲线，如图 3-9 所示。尽管有端面摩擦，鼓胀效应却并不明显，而是当应力达到一定值后，试样在与轴线成 45°～55°的方向上发生破裂，如图 3-10 所示。这是由于脆性材料的抗剪强度低于抗压强度，从而使试样被剪断。

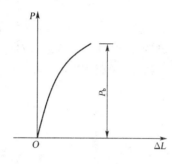

图 3-9　铸铁压缩曲线

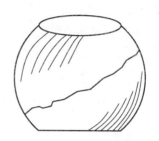

图 3-10　铸铁压缩破坏示意图

3.2.6　实验步骤

基本与拉伸实验方法相似，不同之处是：

1. 试验方法是压缩。

2. 横梁位移速度是 2 mm/min。

3. 把试样放在试验机的压缩底座上。

4. 对于低碳钢试样，将试样压成有明显的鼓形即可停止实验(压力不要超过 80 kN)。对于铸铁试样，加载到试样破坏时，立即停止实验，以免试样进一步被压碎。

3.2.7　实验结果处理

根据实验记录，记录应力值。

1. 低碳钢的屈服强度：

$$\sigma_{sc} = \frac{P_s}{A_0} \tag{3.2-1}$$

2. 铸铁的抗压强度：

$$\sigma_{bc} = \frac{P_b}{A_0} \tag{3.2-2}$$

3.2.8　思考题

1. 试比较塑性材料和脆性材料在压缩时的变形及破坏形式有什么不同。

2. 将低碳钢压缩时的屈服强度与拉伸时的屈服强度进行比较；将铸铁压缩时的抗压强度与拉伸时的抗拉强度进行比较。并说明在工程上的应用。

3. 为什么铸铁试样压缩破坏时，断面常发生在与轴线约成 45°～55°的方向上？

3.3 低碳钢材料弹性模量 E 的测定

3.3.1 实验目的

1. 采用机械式引伸计测定低碳钢的弹性模量 E。
2. 在比例极限内,验证虎克定律。
3. 了解机械式引伸计(球铰式引伸计或蝶式引伸计)的构造原理,学习它的使用方法。

3.3.2 实验设备

1. 万能材料试验机。
2. 球铰式引伸计或蝶式引伸计。
3. 游标卡尺。

3.3.3 实验原理和方法

测定钢材的弹性模量 E 亦采用拉伸实验。由拉伸实验可知,低碳钢材料在比例极限内载荷 F 与绝对伸长变形 ΔL 符合虎克定律,$\Delta L = \dfrac{\Delta F L_0}{E S_0}$ 或者由此得出测量弹性模量 E 的基本公式:

$$\sigma = E\varepsilon$$

$$E = \frac{\Delta F L_0}{S_0 \Delta L} = \frac{\sigma}{\varepsilon} \tag{3.3-1}$$

式中:S_0——试样的横截面面积;

$\qquad L_0$——试样标距;

$\qquad \Delta L$——标距绝对伸长。

按国家标准 GB/T 228.1—2002《金属材料拉伸试验 第 1 部分:室温试验方法》制成圆形截面比例试样,在材料弹性范围内,只要测得相应载荷下的弹性变形 ΔL 或弹性应变 ε,即可计算出弹性模量 E。然而试样的弹性变形 ΔL 或弹性应变 ε 很微小,需要借助于引伸计或电阻应变计技术(电测法)进行测量。引伸计是放大和显示微小变形或者位移的仪表,本次实验选用球铰式引伸计。

为了验证虎克定律和消除测量中的偶然误差,一般采用增量法加载。所谓增量法,就是把欲加的最终载荷分成若干等份(一般分 5~7 级),逐级加载以测量试样的变形。若每级载荷相等,则称为等增量法。当每增加一级载荷增量 ΔF,从引伸计上读出的相应变形增量 ΔL 也应相等,说明载荷 F 与变形 ΔL 成正比,即验证了虎克定律。于是得到增量法的 E 的公式:

$$E = \frac{\Delta F L_0}{S_0 \Delta L} \tag{3.3-2}$$

为了夹紧试样,并消除试验机与球铰式(蝶式)引伸计间的间隙,必须施加一定数量的初载荷 F_0。装夹引伸计后,再加载至适当数值(如两倍的初载荷),然后卸载至初载荷,观察引伸计工作是否正常。当确认引伸计工作正常后,正式从初载开始,逐级加载。在实验时,应注意以

下几点:

1. 实验应在比例极限内进行,故最大应力不能超过比例极限,但也不宜低于它的一半,一般低碳钢材料在弹性模量测试中的最大应力取屈服强度的 $70\%\sim80\%$。

2. 最大载荷要与试验机测力范围相适应。

3. 最大变形要与引伸计量程相适应。

4. 至少应有 $5\sim7$ 级加载,每级载荷要使引伸计刻度值有明显变化。

3.3.4 实验步骤

1. 采用长比例试样(最好取 $L_0 = 20d$),并测量试样直径。在标距两端及中间处两个相互垂直的方向上各测量一次,取其三处尺寸的算术平均值作为试样的计算直径,记录试样尺寸。

2. 在试样上正确安装引伸计。

3. 拟定等增量加载方案。

4. 以最终载荷为示力度盘满量程的 80%,并检查试验机是否正常。

5. 安装试样,开动试验机,缓慢加载到初始载荷,观察引伸计的工作状态是否正常。若正常,调整引伸计上的千分表。

6. 按拟定加载方案逐级缓慢加载,每增加一级载荷记下相应载荷下引伸计千分表上读数 N 及前后两次读数的差值 ΔN;加载到最终载荷后,再卸到初载荷时,引伸计应回到初始位置,因为球铰式引伸计的放大倍数 $K = 2\,000$,则 $\Delta L = \Delta N/2\,000$。

7. 重复实验步骤 6 进行实验 $2\sim3$ 次,记录实验数据,然后再进行数据处理。

8. 经指导教师检查实验数据并通过后,即可卸下引伸计,取出试样,清理实验现场,将实验设备和引伸计复原,实验结束。

3.3.5 实验结果处理

利用公式 $E = \dfrac{\Delta F L_0}{S_0 \Delta L}$ 可求得材料的弹性模量值。

3.3.6 思考题

1. 对试验误差和结果进行分析论证。

2. 试样的形状与尺寸对测量 E 值有无影响?

3. 为什么用拉伸试验测弹性模量 E 时,试样的横截面面积 S_0 为标距两端及中间处三者横截面尺寸的平均值,而测量力学性能的拉伸破坏试验时采用三处横截面面积中的最小值?

3.4 金属材料的扭转实验

3.4.1 实验目的与意义

1. 了解电子扭转试验机的基本构造与原理。

2. 测定铸铁的抗扭强度 τ_b、低碳钢的屈服强度 τ_s、抗扭强度 τ_b。

3. 观察、比较和分析上述两种典型材料在受到扭转载荷时的变形和破坏现象。

3.4.2　实验设备及量具

1. 电子扭转试验机。
2. 游标卡尺。

3.4.3　试样制备

根据国家标准 GB/T 10128—2007《金属材料室温扭转试验方法》的规定,金属扭转实验所使用的试样截面为圆形,推荐采用直径 d 为 10 mm、标距 L_0 为 50~100 mm、平行长度 L_c 为 70~120 mm 的试样。试样头部(两端部)的形状和尺寸应根据扭转试验机夹头的具体情况来确定。如果采用其他直径的试样,其平行长度 L_c 应为标距加上两倍的直径。圆形扭转试样的形状、尺寸以及加工精度见图 3-11。

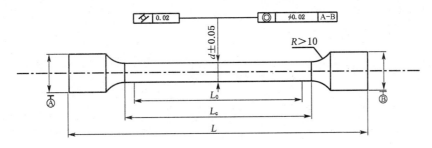

图 3-11　圆轴扭转试样

3.4.4　实验原理

扭转实验是材料力学实验中最基本的实验之一。利用设备的绘图软件可以直接画出扭转试样的扭矩—扭转角($T-\varphi$)曲线或切应力—切应变($\tau-\gamma$)曲线。

1. 低碳钢扭转实验

对低碳钢试样进行扭转实验时,扭矩 T 与扭转角 φ 的关系曲线如图 3-12 所示。低碳钢在整个扭转过程中经历了弹性、屈服、强化三个阶段。

在弹性阶段——OA 直线段,材料服从切变虎克定律,即材料的切应力 τ 与切应变 γ 成正比。

在屈服阶段——AB 曲线段,屈服阶段图形为锯齿形状,在屈服阶段中最小扭矩为下屈服扭矩 T_{s1},如图 3-12 所示。

在强化阶段——BC 曲线段,扭转变形随扭矩的增加而非比例地增加,直至扭断,如图 3-14(b)所示。

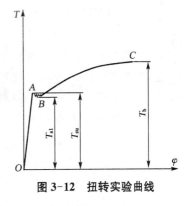

图 3-12　扭转实验曲线

试样扭断后,我们可从试验机的扭矩示值读出试样扭断前所承受的最大扭矩 T_b。

用测出的下屈服扭矩 T_{s1} 按弹性扭转公式计算剪切屈服强度,即

$$\tau_s = \frac{T_s}{W_t} = \frac{T_{s1}}{W_t} \tag{3.4-1}$$

式中:W_t——抗扭截面模量。

同时用测出的最大扭矩 T_b,计算抗扭强度:

$$\tau_b = \frac{T_b}{W_t} \tag{3.4-2}$$

2. 铸铁扭转实验

在对铸铁试样进行扭转实验时,扭矩 T 与扭转角 φ 的关系曲线,如图 3-13 所示。

从图 3-13 和所进行的实验可以看出,铸铁试样从开始受扭直至破坏,近似一直线。它无屈服现象,且扭转变形小。同时破坏是突然发生的,断口形状为与试样轴线约成 45°的螺旋面,如图 3-14(a)所示。在从试验机示值读出最大扭矩 T_b 后,按公式计算扭转强度:

$$\tau_b = \frac{T_b}{W_t}$$

上述扭转实验要求在室温 10～35℃条件下进行。

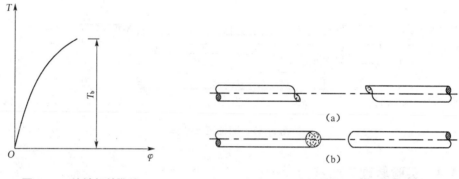

图 3-13　铸铁扭转曲线　　　　　　图 3-14　两种材料的受扭试样断口

3.4.5　实验步骤

1. 分别测量两种材料试样标距内的最小直径(测量直径的方法与拉伸实验一样)。

2. 打开扭转试验机电脑的电源,双击桌面上的"Torsion"快捷方式。

3. 在"用户登录"栏内点击"确定"。

4. 左击"录入",在"试样组编号"栏输入试样组编号(统一编组号,不能重复),右击"增加",输入试样信息:试样的材料-金属,形状-圆形,日期等,点击"保存"。

5. 点击新输入的试样编组名,右击"增加",输入试样序号"1",填写:标距-100、直径(测得的直径最小值),点击"保存",再右击"增加",输入试样序号"2",分别输入"标距""直径",点击"保存"→"退出"。

6. 选择"扭矩-扭转角"曲线,转速 36°/min,最大扭矩 200 N·m 和试验所需数据等。

7. 装试件,取下扳手。点击"试验",选择试样的编组名,左击"联机",扭矩、转角"清零"。一般先做低碳钢试样(试样序号为"1"),后做铸铁试样(试样序号为"2")。

8. 点击"试验开始",观察试验,低碳钢试件在进入强化后转速改为 360°/min。直到试件扭断,左击"退出界面"。

9. 点击"分析打印",选择试样的编组名,点击"检索",抄录曲线和数据。

10. 取下试样,做 2 号试样的实验,直接点击"试验"→"联机",装试件,选择"扭矩-扭转角"曲线及所需数据等,扭矩、转角"清零"。点击"试验开始",直到试件扭断,左击"退出界面"。点击"分析打印",选择试样的编组名,点击"检索",抄录曲线和数据。

11. 取下试样,关机并清理现场,实验结束。

3.4.6　实验结果处理

根据已测出的低碳钢和铸铁的扭矩,按下面的弹性公式计算切应力。
低碳钢的扭转屈服强度和抗扭强度:

扭转屈服强度: $$\tau_s = \frac{T_s}{W_t}\qquad\qquad(3.4\text{-}3)$$

抗扭强度: $$\tau_b = \frac{T_b}{W_t}\qquad\qquad(3.4\text{-}4)$$

铸铁的抗扭强度: $$\tau_b = \frac{T_b}{W_t}\qquad\qquad(3.4\text{-}5)$$

3.4.7　思考题

1. 低碳钢拉伸和扭转的断口形状是否一样?分析其破坏原因。
2. 铸铁在受压和受扭时,其断口都在与试样轴线约成 $45°$ 角方向。破坏原因是否相同?

3.5　冲击实验

衡量材料抗冲击能力的指标用冲击韧度来表示。冲击韧度是通过冲击实验来测定的。这种实验在一次冲击载荷作用下显示试件缺口处的力学特性(韧性或脆性)。虽然试验中测定的冲击吸收功或冲击韧度不能直接用于工程计算,但它可以作为判断材料脆化趋势的一个定性指标,还可作为检验材质热处理工艺的一个重要手段。这是因为它对材料的品质、宏观缺陷、显微组织十分敏感,而这点恰是静载实验所无法揭示的。

图 3-15　JXB - 300 金属摆锤式冲击试验机

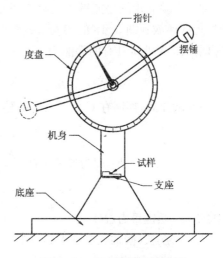

图 3-16　冲击实验机结构图

3.5.1 实验目的

测定低碳钢材料的冲击韧度,观察破坏情况。

3.5.2 实验设备及量具

1. JXB-300 金属摆锤式冲击试验机(图 3-15 和图 3-16)。
2. 游标卡尺。

3.5.3 试样的制备

若冲击试样的类型和尺寸不同,则得出的实验结果也不同,不同的实验结果之间不能直接比较和换算。本次实验采用 U 形缺口冲击试样。其尺寸及偏差应根据 GB/T 229—1994 规定,见图 3-17。加工缺口试样时,应严格控制其形状、尺寸精度以及表面粗糙度。试样缺口底部应光滑、无与缺口轴线平行的明显划痕。

3.5.4 实验原理

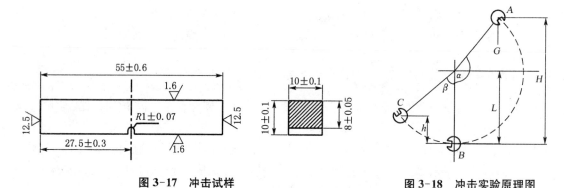

图 3-17 冲击试样   图 3-18 冲击实验原理图

冲击实验利用的是能量守恒原理,即冲击试样消耗的能量是摆锤实验前、后的势能差。实验时,把试样放在图 3-18 的 B 处,将摆锤举至高度为 H 的 A 处自由落下,冲断试样即可。

摆锤在 A 处所具有的势能为

$$E_1 = GH = GL(1 - \cos\alpha)$$

冲断试样后,摆锤在 C 处所具有的势能为

$$E_2 = Gh = GL(1 - \cos\beta)$$

势能之差 $E_1 - E_2$ 即为冲断试样所消耗的冲击功 W_k。

$$W_k = E_1 - E_2 = GL(\cos\beta - \cos\alpha)$$

式中:G——摆锤重力(N);

L——摆长(摆轴到摆锤重心的距离,mm);

α——冲断试样前摆锤扬起的最大角度;

β——冲断试样后摆锤扬起的最大角度。

3.5.5 实验步骤

1. 测量试样的几何尺寸及缺口处的横截面尺寸。

2. 根据估计材料冲击韧性来选择试验机的摆锤。

3. 安装试样(如图 3-19 所示)。安放试件时,缺口应放在受拉侧,缺口应对准摆锤冲击处。

4. 进行实验。将摆锤举起到高度为 H 处并锁住,然后释放摆锤,冲断试样后,待摆锤扬起到最大高度,再回落时,立即刹车,使摆锤停住。

5. 记录显示屏上所示的冲击功 W_{ku} 值。取下试样,观察断口。实验完毕,将试验机复原。

6. 冲击实验要特别注意人身安全,保证单人操作。

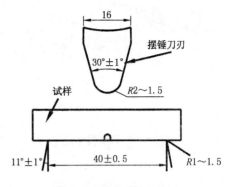

图 3-19 冲击实验示意图

3.5.6 实验结果处理

计算冲击韧性值 α_{ku}:

$$\alpha_{ku} = \frac{W_{ku}}{A_0} \tag{3.5-1}$$

式中:W_{ku}——U 形缺口试样的冲击吸收功(J);

A_0——试样缺口处断面面积(mm^2)。

冲击韧性值 α_{ku} 是反映材料抵抗冲击载荷的综合性能指标,它随着试样的绝对尺寸、缺口形状、实验温度等的变化而不同。

3.5.7 思考题

1. 冲击韧性值 α_{ku} 为什么不能用于定量换算,只能用于相对比较?

2. 冲击试样为什么要开缺口?

4 电阻应变测量技术

4.1 电阻应变测量技术简介

4.1.1 电阻应变测量的主要特点

电阻应变测量技术(电测法)是用电阻应变计测定构件的表面应变,再根据应力、应变的关系式,确定构件表面应力状态的一种实验应力分析方法,它的主要优点有:

1. 测量精度高

电测法利用电阻应变仪测量应变,具有较高的灵敏度,可以分辨数值为 1 个微应变 ($1\ \mu\varepsilon = 10^{-6}$)。

2. 传感元件小

电测法以电阻应变计为传感元件,它的尺寸可以很小,最小标距可达 0.2 mm,可粘贴到构件的很小部位上以测取局部应变。利用由电阻应变计组成的应变花,可以测量构件一点处的应变状态,应变计的质量很小,其惯性影响甚微,故能适应高速转动等动态测量。

3. 测量范围广

电阻应变计能适应高温、低温、高压、远距离等各种环境下的测量。它不仅能传感静载下的应变,也能传感频率从零到几万赫兹的动载下的应变。此外,如将电阻应变仪配以预调平衡箱,可以进行多点测量。

当然,电测法也有局限性。例如,一般情况下,只便于构件表面应变的测量;又如在应力集中的部位,若应力梯度很大,则测量误差较大。

4.1.2 电阻应变计

电阻应变计(以下简称应变计或应变片)一般是由敏感栅、基底、覆盖层、引出线和粘结剂等部分组成,如图 4-1 所示。

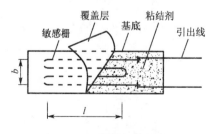

图 4-1 丝绕式电阻应变计

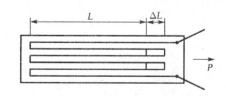

图 4-2 电阻丝受力变形情况

应变计粘贴到构件的表面,构件受力而产生变形,应变计的敏感栅长度及截面面积随着构件的变形也相应地改变,电阻也相应地改变,如图4-2所示。因此,在一定应变范围内,电阻丝的电阻改变率 $\Delta R/R$ 与变形改变率(应变)$\varepsilon = \Delta L/L$ 成正比,即

$$\frac{\Delta R}{R} = K\frac{\Delta L}{L} = K\varepsilon \tag{4.1-1}$$

式中,K 为比例常数,称为应变计的灵敏系数,它是应变计的重要技术参数。电阻应变计的灵敏系数 K 不但与电阻丝的材料有关,还与电阻丝的往复回绕形状、基底和粘结层等因素有关。K 的数值一般由制造厂用实验的方法测定,在成品包装盒上标明。

此外,还有多种专用应变计,如高温应变计、残余应力应变计、应变花等。应变计的基本参数为:标距 L,标称电阻值 R,灵敏系数 K。

4.1.3   电阻应变仪

电阻应变测量系统可看成由电阻应变计、电阻应变仪及采集显示装置三部分组成。其中电阻应变计可将构件的应变转换为电阻变化。电阻应变仪将此电阻变化转换为电压(或电流)的变化,并进行放大,然后转换成应变数值。其工作过程如下所示:

应变 → 电阻变化 → 电压(或电流)变化 → 放大 → 采集显示

电阻应变计 ── 电阻应变仪 ── 显示器

其中电阻变化转换成电压(或电流)信号主要是通过应变电桥(惠斯顿电桥,简称电桥)来实现的。下面简要介绍电桥原理。

1. 电桥

电桥一般分为直流电桥和交流电桥两种,这里只介绍直流电桥。

电桥原理如图4-3所示,它由电阻 R_1、R_2、R_3、R_4 组成四个桥臂,A、C 两点接供桥电压 U。图中 U_{BD} 是电桥的输出电压,输出电压的增量 ΔU_{BD} 与电阻间的关系为

$$\Delta U_{BD} = \frac{U}{4}\left(\frac{\Delta R_1}{R_1} - \frac{\Delta R_2}{R_2} + \frac{\Delta R_3}{R_3} - \frac{\Delta R_4}{R_4}\right) \tag{4.1-2}$$

将式(4.1-1)代入式(4.1-2),可得

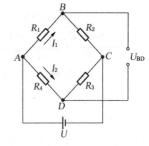

图4-3   电桥原理图

$$\Delta U_{BD} = \frac{UK}{4}(\varepsilon_1 - \varepsilon_2 + \varepsilon_3 - \varepsilon_4) = \frac{UK}{4}\varepsilon_r \tag{4.1-3}$$

式中的 ε_r 是应变仪窗口显示的应变值(读出应变)。

此公式表明,电桥可把应变计感受到的应变转变成电压(或电流)信号,但是这一信号非常微弱,所以要进行放大,然后把放大了的信号再用"应变"表示出来,这就是电阻应变仪的工作原理。电阻应变仪按测量应变的频率可分为:静态电阻应变仪、静动态电阻应变仪、动态电阻应变仪和超动态电阻应变仪。下面简要介绍常用的静态电阻应变仪中的一种应变仪——数字电阻应变仪。

2. 数字电阻应变仪

从数字电阻应变仪工作原理方框图(图4-4)可以看出,电压变换器供给测量电桥稳定的直流电压,测量电桥产生微弱电压增量信号,即公式中的 ΔU_{BD},通过放大器放大和

有源滤波器滤波,变成放大的模拟电压增量信号,经 A/D 转换器,最后将电压增量 ΔU_{BD} 转换成数字量。

由公式(4.1-3)知,ΔU_{BD} 应与 $(\varepsilon_1 - \varepsilon_2 + \varepsilon_3 - \varepsilon_4)$ 成正比,经过标定(标定环节在仪器出厂前已由厂方完成),再将电压增量 ΔU_{BD} 转换成应变。如果应变仪窗口显示的应变(读出应变)为 ε_r,则有

$$\varepsilon_r = (\varepsilon_1 - \varepsilon_2 + \varepsilon_3 - \varepsilon_4) \tag{4.1-4}$$

数字应变仪有很多型号,其原理都是相通的。

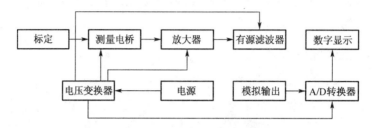

图 4-4 数字电阻应变仪工作原理方框图

4.1.4 测量电桥的接法

1. 在实际测量中,可以利用电桥的基本特性,采用各种电阻应变计在电桥中不同的连接方法达到不同的测量目的:

(1) 实现温度补偿。

(2) 从比较复杂的组合应变中测出指定成分而排除其他成分。

(3) 扩大应变仪的读数,以减少读数误差,提高测量灵敏度。

2. 在实际测量中,常采用的电桥连接方法包括以下几种:

(1) 全桥接线法

在测量电桥的四个桥臂上全部连接电阻应变计,称为全桥接线法(全桥线路),如图 4-5(a)所示。对于此电桥,此时应变仪的应变读数为

$$\varepsilon_r = \varepsilon_1 - \varepsilon_2 + \varepsilon_3 - \varepsilon_4 \tag{4.1-5}$$

(2) 半桥接线法

若在测量电桥的桥臂 AB 和 BC 上接电阻应变计,而另外两桥臂 CD 和 DA 接电阻应变仪的内部固定电阻 $R(R_3、R_4)$,则称为半桥接法(或半桥电路),如图 4-5(b)所示。由于桥臂 DA 和 CD 接固定电阻,不感受应变,因此对于该电桥应变仪的读数为

$$\varepsilon_r = \varepsilon_1 - \varepsilon_2 \tag{4.1-6}$$

测量时,在 AB 上接一工作应变计 R_1,而在 BC 上接一个与 R_1 相同电阻值的应变计,粘贴在相同材料上,但应变计 R_2 不受力。两个应变计相离很近,温度相同,此时

$$\varepsilon_1 = \varepsilon_x + \varepsilon_t \qquad \varepsilon_2 = \varepsilon_t \tag{4.1-7}$$

ε_t 为温度引起的应变,ε_x 为工作产生的应变,这时应变仪的读数为

$$\varepsilon_r = \varepsilon_x + \varepsilon_t - \varepsilon_t = \varepsilon_x \qquad (4.1\text{-}8)$$

即读出的应变 ε_x 为工作产生的应变,而 $\varepsilon_2 = \varepsilon_t$,$R_2$ 称为温度补偿片。

实验室一般应用温度补偿片的半桥接线法较多。

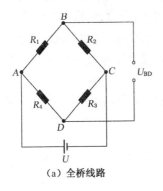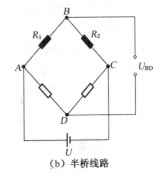

（a）全桥线路　　　　　　　　　　（b）半桥线路

图 4-5　电桥线路

4.2　纯弯曲梁正应力实验

本实验的性质是验证性实验。

4.2.1　实验目的

1. 初步熟悉电阻应变测量方法。
2. 用电测法测定矩形截面梁在承受纯弯曲作用时横截面高度方向上正应力的分布规律。
3. 验证纯弯曲梁横截面上正应力理论计算公式。

4.2.2　实验设备及测量仪器

1. XL3418 材料力学多功能实验台。
2. XL2118C 力 & 应变综合参数测试仪。

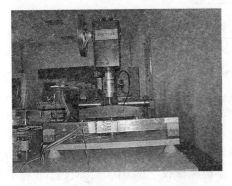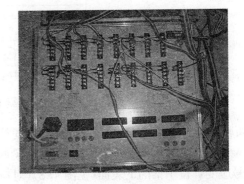

图 4-6　XL3418 材料力学多功能实验台　　图 4-7　XL2118C 力 & 应变综合参数测试仪

　　XL2118C 力 & 应变综合参数测试仪的上半部有十六条接线端子,每条接线端子可组成一个桥路。综合参数测试仪下半部的左边是力显示屏,试件不受力时力显示屏应该为零,如果不为零,则可以按力显示屏下面四个小红钮中左边的第二个小红钮("力清零"按钮),使力显示屏为零。注意力显示的单位是"N"(牛顿)。综合参数测试仪下半部的右边是六个应变显示屏,每个应变显示屏对应一个桥路,但是每次只能显示六个对应桥路的应变值,这次实验的应变显示屏对应的桥路是 01、02、03、04、05、06 号,如果应变显示屏对应的桥路不是 01、02、03、04、05、06 号,则可以按六个应变显示屏下面三个小红钮中的右边小红钮("通道选择"按钮),使应变显示屏对应的桥路是 01、02、03、04、05、06 号六个对应桥路。如果试件不受力时应变显示屏显示的应变值不为零,则可以按六个应变显示屏下面三个小红钮中的第二个(中间)小红钮("自动平衡"按钮),使应变显示屏显示的应变值为零。

XL2118C 力 & 应变综合参数测试仪在实验前应该至少预热 20 分钟,减少测试值的漂移,保证测试值的稳定性。

4.2.3　实验原理

矩形截面钢梁的实验装置如图 4-8 所示。矩形截面的高 $h = 40\,\text{mm}$,宽 $b = 20\,\text{mm}$,材料的弹性模量 $E = 210\,\text{GPa}$。本实验采用四点弯曲实验,力到支座的距离 $a = 130\,\text{mm}$,加载后,梁在两个加力点间承受纯弯曲。根据平面假设和纵向纤维间无挤压的假设,可以得到纯弯曲梁横截面正应力的理论计算公式为

$$\sigma_j = \frac{M y_j}{I_z} (j = 1, 2, 3, 4, 5)$$

式中:M——横截面弯矩;

　　I_z——横截面对形心主轴(即中性轴)的惯性矩;

　　y_j——所求应力点到中性轴的距离。

由上式可知沿横截面高度正应力按线性规律变化。

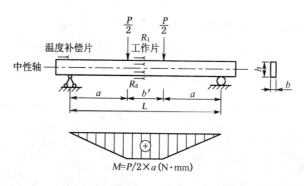

图 4-8　纯弯曲梁实验装置及弯矩图

实验采用 1/4 桥接线(即多通道公共温度补偿),1 号应变计位于梁的上表面,2 号应变计位于离梁的上表面 $h/4$ 处,3 号应变计位于梁的中性轴上,4 号应变计位于离梁的下表面 $h/4$ 处,5 号应变计位于梁的下表面(见图 4-8)(对应综合参数测试仪上的 01、02、03、04、05 号五个应变窗口),用一个不受力的应变计作为温度补偿片,接到综合参数测试仪上相应通道上,测出载荷作用下各测点的应变 ε_j,由虎克定律知:

$$\sigma_j = E\varepsilon_j (j = 1, 2, 3, 4, 5)$$

式中：E——材料的弹性模量，由虎克定律可求出各测点的应力 σ_j。

4.2.4 实验步骤

1. 将载荷分配梁放在矩形截面梁上，调整位置和荷载的接触点。
2. 按"自动平衡"按钮，应变显示为零。
3. 按"力清零"按钮，力显示屏为零（力显示单位"N"）。
4. 转动加载手柄，直到力显示屏为 -500 N，读出每一个应变计的值，并做好记录。
5. 继续转动加载手柄，每次增加 -500 N（P_i），读出相应的每一个应变计的值（ε_j）$_i$。实验分四级加载，即从 0 开始，依次为 -500 N、$-1\,000$ N、$-1\,500$ N 到 $-2\,000$ N，并做好记录。
6. 实验完毕，卸去载荷，取下载荷分配梁，关掉仪器电源。

4.2.5 实验结果处理

1. 观察每次加载时，梁上五个应变计的值是否为线性关系。
2. 计算梁最上面一点（1 号应变计的位置）的应力：

理论应力公式：
$$(\sigma_{01})' = \frac{M}{W_z}$$

其中：$M = \dfrac{P_e a}{2}$ $P_e = \dfrac{\sum (P_{i+1} - P_i)}{4}$ $W_z = \dfrac{bh^2}{6}$

实验应力公式：
$$(\sigma_{01}) = E\varepsilon_1 \qquad \varepsilon_1 = \frac{\sum \left[(\varepsilon_1)_{i+1} - (\varepsilon_1)_i \right]}{4}$$

应力相对误差公式：
$$\Delta(\sigma) = \left| \frac{\sigma_{01} - \sigma'_{01}}{\sigma_{01}} \right| \times 100\%$$

4.2.6 误差分析

分析实验应力值和理论应力值误差的原因。

4.2.7 思考题

1. 纯弯曲梁横截面的正应力公式要应用到横力弯曲中去要满足什么条件？
2. 简述梁横截面的纯弯曲正应力的分布规律。

4.3 弯扭组合变形主应力的测定

本实验的性质是综合性实验。

应变花测量平面应力状态的主应力在工程上大量应用，因此掌握用 45°应变花测弯扭组合变形的主应力具有一定的工程意义。

4.3.1 实验目的

1. 初步掌握使用应变花测量某一点处主应力大小及方位的方法。

2. 测定薄壁圆管在弯曲和扭转组合变形下,其表面某点处的主应力大小和方位。

3. 将实验方法所测得的主应力的大小和方位与理论值进行比较,并分析。

4.3.2　实验设备及测量仪器

1. XL3418 材料力学多功能实验台。

2. XL2118C 力 & 应变综合参数测试仪。

图 4-9　XL3418 材料力学多功能实验台　　**图 4-10　XL2118C 力 & 应变综合参数测试仪**

4.3.3　实验原理

实验装置、薄壁圆管受力示意图及应变花粘贴方案见图 4-11。根据材料力学中平面应力状态下的应变理论,对薄壁圆管受弯扭组合作用下表面上的任意一点的主应力和主应变已经有计算公式可利用。为了简化计算,实验中采用 45°应变花,使其中 0°应变计沿薄壁圆管的轴线方向,贴片方位见图 4-11 中上表面 A 点,45°应变计为 7 号,0°为 8 号,−45°为 9 号。

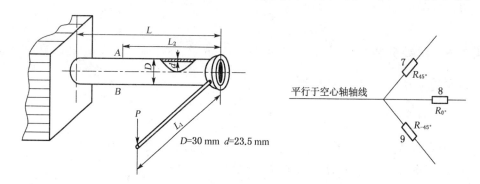

图 4-11　弯扭组合变形实验装置及应变花粘贴方案图

由平面应力和应变分析可得到主应变、主方向的计算公式,再利用广义虎克定律可求得主应力计算公式:

$$\begin{cases} \sigma_1 \\ \sigma_3 \end{cases} = \frac{E}{2}\left[\frac{\varepsilon_{-45}+\varepsilon_{45}}{1-\mu} \pm \frac{1}{1+\mu}\sqrt{(\varepsilon_{45}-\varepsilon_{-45})^2+(2\varepsilon_0-\varepsilon_{45}-\varepsilon_{-45})^2}\right] \qquad (4.3\text{-}1)$$

式中:ε_{45}、ε_0、ε_{-45}——45°、0°、−45°的应变计数值;

σ_1、σ_3——最大和最小主应力;

μ——材料的泊松比;

E——材料的弹性模量。

主应力 σ_1 与轴线的夹角 α_0 为:

$$\tan 2\alpha_0 = \frac{\varepsilon_{45} - \varepsilon_{-45}}{2\varepsilon_0 - \varepsilon_{-45} - \varepsilon_{45}} \tag{4.3-2}$$

式中:α_0——主应力方向角。

4.3.4　实验步骤

1. 打开综合参数测试仪电源,预热 20 分钟。

2. 按"力清零"按钮,力显示屏为零(力显示的单位是"N")。

3. 按"通道切换",使应变计显示屏为 07、08、09、10、11、12 号。

4. 按"自动平衡"按钮,应变显示为零。

5. 转动加载手柄直到力显示为 -200 N,读出每一个应变计的值,并做记录 $(\varepsilon_j)_1$,即 $(\varepsilon_0)_1$、$(\varepsilon_{45})_1$、$(\varepsilon_{-45})_1$。

6. 每次增加 -200 N(Pi),读出相应的每一个应变片的值 $(\varepsilon_j)_i$,实验分五级加载,即从 0 开始,依次为 -200 N、-400 N、-600 N、-800 N 到 $-1\,000$ N,并做好记录。

说明:薄壁圆管试件的有关尺寸:悬臂梁长度 $L = 360$ mm;自由端距测试点距离 $L_2 = 270$ mm;加力点距悬臂端距离 $L_1 = 237$ mm,外径 $D = 40$ mm,内径 $d = 32$ mm。

材料常数 $E = 210$ GPa,$\mu = 0.26$。

4.3.5　实验结果处理

主应力的理论计算公式如下:

弯矩:$M_{EW} = P_e L_2$　　扭矩:$M_{ET} = P_e L_1$ $\tag{4.3-3}$

抗扭截面模量:$W_t = \dfrac{\pi D^3}{16}(1 - \alpha^4)$　　抗弯截面模量:$W_z = \dfrac{\pi D^3}{32}(1 - \alpha^4)$

$$P_e = \frac{\sum (P_{i+1} - P_i)}{5} \tag{4.3-4}$$

正应力:$\sigma_w = \dfrac{M_{EW}}{W_z}$　　切应力:$\tau_w = \dfrac{M_{ET}}{W_t}$ $\tag{4.3-5}$

主应力:$\sigma' = \dfrac{\sigma_w}{2} \pm \sqrt{\left(\dfrac{\sigma_w}{2}\right)^2 + \tau_w^2}$　　主应力方位:$\tan 2\alpha_1 = \dfrac{-2\tau}{\sigma}$ $\tag{4.3-6}$

实验数据计算的主应力和方位的公式(4.3-1)、(4.3-2),即

$$\begin{cases} \sigma_1 \\ \sigma_3 \end{cases} = \frac{E}{2}\left[\frac{\varepsilon_{-45} + \varepsilon_{45}}{1 - \mu} \pm \frac{1}{1 + \mu}\sqrt{(\varepsilon_{45} - \varepsilon_{-45})^2 + (2\varepsilon_0 - \varepsilon_{45} - \varepsilon_{-45})^2}\right]$$

$$\tan 2\alpha_0 = \frac{\varepsilon_{45} - \varepsilon_{-45}}{2\varepsilon_0 - \varepsilon_{-45} - \varepsilon_{45}}$$

式中：$\varepsilon_0 = \dfrac{\sum [(\varepsilon_0)_{i+1} - (\varepsilon_0)_i]}{5}$ $\varepsilon_{45} = \dfrac{\sum [(\varepsilon_{45})_{i+1} - (\varepsilon_{45})_i]}{5}$

$$\varepsilon_{-45} = \dfrac{\sum [(\varepsilon_{-45})_{i+1} - (\varepsilon_{-45})_i]}{5}$$

列表比较最大主应力的实测值和相应的理论值，算出相对误差，画出理论和实验的主应力和主方向的平面应力状态图。

4.3.6 思考题

1. 主应力测量中，采用应变花有什么好处？
2. 什么情况下采用电测法比较合适？

4.4 拉伸弹性模量（E）及泊松比（μ）的测定（电测法）

本实验的性质是创新性实验。

4.4.1 实验目的

1. 用电测法测量低碳钢的弹性模量 E 和泊松比 μ。
2. 在弹性范围内验证虎克定律。

4.4.2 实验设备及测量仪器

1. XL3418 材料力学多功能实验台。
2. XL2118C 力 & 应变综合参数测试仪。
3. 游标卡尺。

4.4.3 实验原理和方法

测定材料的弹性模量 E，通常采用比例极限内的拉伸实验，材料在比例极限内服从虎克定律，其关系式为

$$\sigma = E\varepsilon = \frac{P}{A_0} \tag{4.4-1}$$

由此可得

$$E = \frac{P}{\varepsilon A_0} \tag{4.4-2}$$

式中：E——弹性模量；

　　A_0——试样的截面积；

　　P、ε——分别为平均载荷的增量和平均应变的增量。

由公式（4.4-2）即可算出弹性模量 E。

实验采用矩形截面的拉伸试件，在试件上沿轴向和垂直于轴向的两面各贴两片电阻应变计，可以用半桥和全桥两种方式进行实验。

1. 半桥接法：把试件两面粘贴的沿轴向的两片电阻应变计（简称工作片）的一片接在图 4-12(a) 中的 R_1，一片温度补偿片接到应变仪 BC 接线柱中，内部电阻 $R_3 = R_4$。垂直于轴向

的电阻应变计按图 4-12(b)方式连接。然后给试件缓慢加载,通过电阻应变仪即可测出对应载荷下的轴向应变值 $\varepsilon_{r轴}$ 和横向应变值 $\varepsilon_{r横}$。再将实际测得的值代入公式(4.4-2)中,即可求得弹性模量 E 之值。

2. 全桥接法:把两片轴向(或两片垂直于轴向)的工作片和两片温度补偿片按图 4-12(c)中的接法接入应变仪的 A、B、C、D 接线柱中,然后给试件缓慢加载,通过电阻应变仪即可测出对应载荷下的轴向应变值 $\varepsilon_{r轴}$(或垂直于轴向 $\varepsilon_{r横}$),因为应变仪所显示的应变是两片应变计的应变之和,所以试样轴向(或垂直于轴向 $\varepsilon_{r横}$)的应变是应变仪所显示值的一半,即:

$$\left.\begin{array}{l} \varepsilon'_{横} = \dfrac{\varepsilon'_{r横}}{2} \\[2mm] \varepsilon_{轴} = \dfrac{\varepsilon_{r轴}}{2} \end{array}\right\} \tag{4.4-3}$$

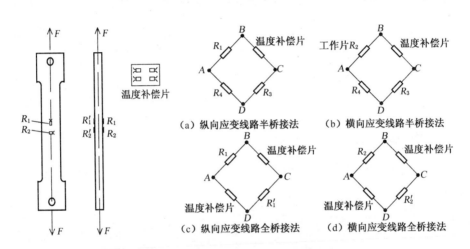

(a) 纵向应变线路半桥接法
(b) 横向应变线路半桥接法
(c) 纵向应变线路全桥接法
(d) 横向应变线路全桥接法

图 4-12 测定 E、μ 的贴片机接线方案

将所测得的 ε 值代入公式(4.4-2)中,即可求得弹性模量 E 之值。

在实验中,为了尽可能减少测量误差,一般采用等量加载法,逐级加载,分别测得各相同载荷增量 ΔP 作用下产生的应变增量 $\Delta\varepsilon$ 并求出 $\Delta\varepsilon$ 的平均值得到公式(4.4-4),即

$$E = \frac{P_e}{\varepsilon_e A_0} \tag{4.4-4}$$

式中:P_e、ε_e——分别是实验中载荷增量和轴向应变增量的平均值。

等量加载法可以验证力与变形间的线性关系。若各级载荷的增量 ΔP 均相等,相应的由应变仪读出的应变增量 $\Delta\varepsilon$ 也应大致相等,这就验证了虎克定律。

测定泊松比 μ 值。受拉试件的轴向伸长,必然引起横向收缩。在弹性范围内,横向应变 $\varepsilon_{横}$ 和轴向应变 $\varepsilon_{轴}$ 的比值为一常数,其比值的绝对值即为材料的泊松比,通常用 μ 表示。

$$\mu = \left| \frac{\varepsilon_{横}}{\varepsilon_{轴}} \right| \tag{4.4-5}$$

4.4.4 实验步骤

1. 测量试件的尺寸,将两面沿纵向和横向各贴一片电阻应变计的试件安装在 XL3418 材

料力学多功能实验台装置上。

2. 根据采用半桥或全桥的测试方式,相应地把要测的电阻应变计和温度补偿片接在 XL2118C 力 & 应变综合参数测试仪的 A、B、C、D 接线柱上。

3. 打开 XL2118C 力 & 应变综合参数测试仪,预热 20 分钟,设定好参数。

4. 实验采用手动加载,分级递增相等的载荷 $\Delta P = 20$ N,分 5 级进行实验加载,从 0 荷载开始,依次按 20 N、40 N、60 N、80 N、100 N 进行加载,记录下每级加载后应变仪上相应的读数。

实验至少进行两次,取线性较好的一组作为本次实验的数据。

4.4.5 实验结果处理

根据实验数据,分别算出算术平均值,再由公式算出相应的弹性模量和泊松比值。

选择性、综合设计性实验

5.1 压杆临界压力的测定

5.1.1 实验目的

1. 观察压杆的失稳现象。
2. 测定二端铰支压杆的临界压力 P_{cr}。

5.1.2 实验设备、仪器和试样

1. 普通万能材料试验机。
2. 大量程百分表及磁性表座，或电阻应变仪。
3. 钢板尺、游标卡尺。
4. 矩形截面压杆试样，由弹簧钢制成，两端是带圆角的刀刃。

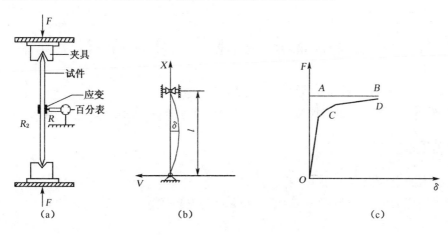

图 5-1 压杆失稳装置及失稳图

5.1.3 实验原理和方法

由材料力学可知,两端铰支细长压杆的临界载荷可由欧拉公式求得:

$$P_{cr} = \frac{\pi^2 EI}{l^2} \tag{5.1-1}$$

式中:E——材料的弹性模量;

I——压杆截面的最小惯性矩;

l——压杆的长度。

对于理想压杆,当压力 P 小于临界压力 P_{cr} 时,压杆的直线平衡是稳定的,压力 P 与压杆中点的挠度 δ 的关系如图 5-1(c) 中的直线 OA。当压力达到临界压力 P_{cr} 时,按照小挠度理论,P 与 δ 的关系是图 5-1(c) 中的水平线 AB。

实际的压杆难免有初曲率,在压力偏心及材料不均匀等因素的影响下,使得 P 远小于 P_{cr} 时,压杆便出现弯曲。但这个阶段的挠度 δ 不很明显,且随 P 的增加而缓慢增长,如图 5-1(c) 中的 OC 所示。当 P 接近 P_{cr} 时,δ 急剧增大,如图 5-1(c) 中 CD 所示。它以直线 AB 为渐近线。因此,根据实际测出的 P-δ 曲线图,由 CD 的渐近线即可确定压杆的临界载荷 P_{cr}。

压杆中点的挠度 δ 可以通过百分表来测,也可以通过贴在压杆中点两侧的电阻应变计来测。

5.1.4 实验步骤

1. 测量试样长度 l,横截面尺寸(取试样上、中、下三处的平均值)。计算最小惯性矩 I。

2. 将试样置于材料试验机的 V 形支座中,两端相当于铰支情况,注意使压力通过试样的轴线。

3. 在试样长度中点的侧面安装百分表,并将百分表调至量程一半左右,记下初读数。或将试样中点两侧的电阻应变计接成半桥,连入电阻应变仪。

4. 缓慢加载,每增加一级载荷,读取相应的挠度 δ,当 δ 出现明显的变化时,实验即可终止,卸去载荷。

5.1.5 实验结果处理

1. 根据实验测得的试样载荷和挠度(或应变)系列数据,绘出 P-δ 或 P-ε 曲线,据此确定临界载荷 P_{cr}。

2. 根据欧拉公式,计算临界载荷的理论值。

3. 将实测值和理论值进行比较,计算出相对误差并分析讨论。

5.2 疲劳实验

在足够大的交变应力作用下,于金属构件外形突变或表面刻痕或内部缺陷等部位,都可能因较大的应力集中引发微观裂纹。分散的微观裂纹经过集结沟通将形成宏观裂纹。已形成的宏观裂纹逐渐缓慢地扩展,构件横截面逐步削弱,当达到一定限度时,构件会突然断裂。金属因交变应力引起的上述失效现象,称为金属的疲劳。静载下塑性性能很好的材料,当承受交变应力时,往往在应力低于屈服极限没有明显塑性变形的情况下突然断裂。疲劳断口(见图 5-2)明显地分为两个区域:较为光滑的裂纹扩展区和较为粗糙的断裂区。裂纹形成后,交变应力使裂纹的两侧时而张开时而闭合,相互挤压,反复研磨,光滑区就是这样形成的。载荷的间断和大小的变化,在光滑区留下多条裂纹前沿线。至于粗糙的断裂区,则是最后突然断裂形成的。统计数据表明,机械零件的失效,有 70% 左右是疲劳引

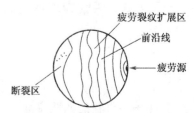

图 5-2 疲劳试样断口示意图

起的,而且造成的事故大多数是灾难性的。因此,通过实验研究金属材料抗疲劳的性能是有实际意义的。

5.2.1 实验目的

1. 观察疲劳失效现象和断口特征。
2. 了解测定材料疲劳极限的方法。

5.2.2 实验设备

1. 疲劳试验机。
2. 游标卡尺。

5.2.3 实验原理及方法

在交变应力的应力循环中,最小应力和最大应力的比值:

$$r = \frac{\sigma_{min}}{\sigma_{max}} \tag{5.2-1}$$

称为循环特征或应力比。在既定的 r 下,若试样的最大应力为 σ_{max}^1,经历 N_1 次循环后,发生疲劳失效,则 N_1 称为最大应力为 σ_{max}^1 时的疲劳寿命(简称寿命)。实验表明,在同一循环特征下,最大应力越大,则寿命越短;随着最大应力的降低,寿命迅速增加。表示最大应力 σ_{max} 与寿命 N 的关系曲线称为应力-寿命曲线或 S-N 曲线。碳钢的 S-N 曲线如图 5-3 所示。从图线看出,当应力降到某一极限值 σ_r 时,S-N 曲线趋近于水平线。即应力不超过 σ_r 时,寿命 N 可无限增大,称为疲劳极限或持久极限。下标 r 表示循环特征。

实验表明,黑色金属试样如经历 10^7 次循环仍未失效,则再增加循环次数一般也不会失效,故可把 10^7 次循环下仍未失效的最大应力作为持久极限 σ_r,而把 $N_0 = 10^7$ 称为循环基数。有色金属的 S-N 曲线在 $N > 5 \times 10^8$ 时往往仍未趋于水平,通常规定一个循环基数 N_0,例如取 $N_0 = 10^8$,把它对应的最大应力作为"条件"持久极限。

工程问题中,有时根据零件寿命的要求,在规定的某一循环次数下,测出 σ_{max},并称之为疲劳强度。它有别于上面定义的疲劳极限。

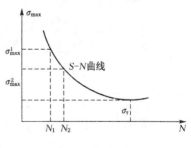

图 5-3 S-N 曲线

用旋转弯曲疲劳实验来测定对称循环的疲劳极限 σ_{-1},设备简单,最常使用。各类旋转弯曲疲劳试验机大同小异,图 5-4 为这类试验机的原理示意图。试样 1 的两端装入左右两个心轴 2 后,旋紧左右两根螺杆 3,使试样与两个心轴组成一个承受弯曲的"整体梁"上,它支承于两端的滚珠轴承 4 上。载荷 P 通过加力架作用于"梁"上,其受力简图及弯矩图如图 5-5 所示。梁的中段(试样)为纯弯曲,且弯矩为 $M = Pa/2$。"梁"由高速电机 6 带动,在套筒 7 中高速旋转,于是试样横截面上任一点的弯曲正应力,皆为对称循环交变应力,若试样的最小直径为 d_{min},最小截面边缘上一点的最大和最小应力为

$$\sigma_{\max} = \frac{Md_{\min}}{2I}; \sigma_{\min} = -\frac{Md_{\min}}{2I} \qquad (5.2-2)$$

式中：$I = \dfrac{\pi d_{\min}^4}{64}$。试样每旋转一周，应力就完成一个循环。试样断裂后，套筒压迫停止开关使试验机自动停机。这时的循环次数可由计数器 8 中读出。

5.2.4 实验方法

这里介绍的单点实验法的依据是标准 HB5152—80（第三机械工业部标准，金属室温旋转弯曲疲劳实验方法）。这种方法在试样数量受限制的情况下，可用于近似地测定 S-N 曲线和粗略地估计疲劳极限。更精确地确定材料抗疲劳的性能应采用升降法。

单点实验法至少需 8～10 根试样，第一根试样的最大应力约为 $\sigma_1 = (0.6 \sim 0.7)\sigma_b$，经 N_1 次循环后失效。继续取另一试样使其最大应力 $\sigma_2 = (0.40 \sim 0.45)\sigma_b$，若其疲劳寿命 $N < 10^7$，则应降低应力再做。直至在 σ_2 作用下，$N_2 > 10^7$。这样，材料的持久极限 σ_{-1} 在 σ_1 与 σ_2 之间。在 σ_1 与 σ_2 之间插入 4～5 个等差应力水平，它们分别为 σ_3、σ_4、σ_5、σ_6，逐级递减进行实验，相应的寿命分别为 N_3、N_4、N_5、N_6。这就可能出现两种情况：

1. 与 σ_6 相应的 $N_6 < 10^7$，持久极限在 σ_2 与 σ_6 之间。这时取 $\sigma_7 = (\sigma_2 + \sigma_6)/2$ 再试，若 $N_7 < 10^7$，且 $\sigma_7 - \sigma_2$ 小于控制精度 $\Delta\sigma^*$，即 $\sigma_7 - \sigma_2 < \Delta\sigma^*$，则持久极限为 σ_7 与 σ_2 的平均值，即 $\sigma_{-1} = (\sigma_7 + \sigma_2)/2$。若 $N_7 > 10^7$，且 $\sigma_6 - \sigma_7 \leqslant \Delta\sigma^*$，则 σ_{-1} 为 σ_7 与 σ_6 的平均值，即 $\sigma_{-1} = (\sigma_7 + \sigma_6)/2$。

2. 与 σ_6 相应的 $N_6 > 10^7$，这时以 σ_6 和 σ_5 取代上述情况的 σ_2 和 σ_6，用相同的方法确定持久极限。

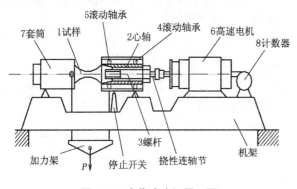

图 5-4 疲劳试验机原理图

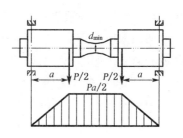

图 5-5 试样受力弯矩图

5.2.5 试样的制备

同一批试样所用材料应为同一牌号和同一炉号，并要求质地均匀、没有缺陷。疲劳强度与试样取料部位、锻压方向等有关，并受表面加工、热处理等工艺条件的影响较大。因此，试样取样应避免在型材端部，对锻件要取在同一锻压方向或纤维延伸方向。同批试样热处理工艺相同。切削时应避免表面过热，引起较大残余应力。不能有周线方向的刀痕，试样的试验部位要磨削加工，粗糙度为 0.8～0.2。过渡部位应有足够的过渡圆角半径。

圆弧形光滑小试样如图 5-6 所示，其最小直径为 7～10 mm，试样的其他外形尺寸，因疲劳试验机不同而异，没有统一规定。

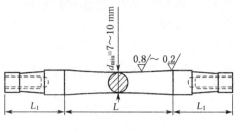

图 5-6 试样示意图

5.2.6 实验步骤

以 $M = P \times a/2$ 和 $I = \dfrac{\pi d_{\min}^4}{64}$ 代入式(5.2-2),求得最小直径截面上的最大弯曲正应力

$$\sigma = \frac{P \cdot a \cdot d_{\min}/2}{2\pi d_{\min}^4/64} = \frac{P}{\pi d_{\min}^3/16a} \tag{5.2-3}$$

令 $k = \pi d_{\min}^3/16a$,则上式可改写成

$$P = k\sigma \tag{5.2-4}$$

k 称为加载乘数,它可根据试验机的尺寸 a 和试样的直径 $d_{\min}$ 事先算出,并制成表格。在试样的应力 σ 确定后,便可计算出应施加的载荷 P。载荷中包括套筒、砝码盘和加力架的重量 G,所以,应加砝码的重量实为

$$P' = P - G = K\sigma - G \tag{5.2-5}$$

现将试验步骤简述如下:(1)测量试样最小直径 $d_{\min}$;(2)计算或查出 K 值;(3)根据确定的应力水平 σ,由式(5.2-5)计算应加砝码的重量 P';(4)将试样安装于套筒上,拧紧两根连接螺杆,使与试样成为一个整体;(5)连接挠性连轴节;(6)加上砝码;(7)开机前托起砝码,在运转平稳后,迅速无冲击地加上砝码,并将计数器调零;(8)试样断裂或记下寿命 N,取下试样描绘疲劳破坏断口的特征。

实验时应注意的事项:(1)未装试样前禁止启动试验机,以免挠性连轴节甩出;(2)实验进行中如发现连接螺杆松动,应立即停机重新安装。

5.2.7 实验结果处理

1. 下列情况实验数据无效:载荷过高致试样弯曲变形过大,造成中途停机;断口有明显夹渣致使寿命偏低。

2. 将所得实验数据列表;然后以 $\lg N$ 为横坐标,$\sigma_{\max}$ 为纵坐标,绘制光滑的 $S-N$ 曲线,并确定 σ_{-1} 的大致数值。

3. 报告中绘出破坏断口,指出其特征。

5.2.8 思考题

1. 疲劳试样的有效工作部分为什么要磨削加工,不允许有周向加工刀痕?

2. 实验过程中若有明显的振动,对寿命会产生怎样的影响?

3. 若规定循环基数为 $N = 10^6$,对黑色金属来说,实验所得的临界应力值 σ_{max} 能否称为对应于 $N = 10^6$ 的疲劳极限?

5.3 剪切模量 G 的测定

5.3.1 实验目的

1. 验证剪切虎克定律。
2. 测定低碳钢的剪切弹性模量 G。

5.3.2 实验设备

1. 多功能电测实验装置。
2. 千分表及钢尺。

5.3.3 实验原理

圆轴承受扭矩时,材料处于纯剪切应力状态,因此常用扭转试验来研究不同材料在纯剪切状态下的力学性能。

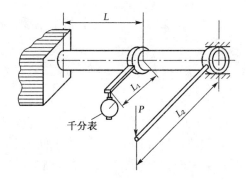

图 5-7 剪切弹性模量 G 测试装置图

如图 5-7 所示等直圆杆试样在两端受一外力偶 M_t 作用,当 $\tau_{max} \leqslant \tau_P$ 时,由材料力学知,在剪切屈服强度内,两截面的相对转角与外力偶矩 M 成正比关系,即 $\theta = \dfrac{T \cdot L}{G \cdot I_P}$,由此可得

$$G = \frac{TL}{\theta I_P} = \frac{\Delta TL}{\Delta \theta I_P} = 1\,000 \times \frac{\Delta P \cdot L_1 L L_2}{\Delta a I_P} \tag{5.3-1}$$

式中:L——圆轴标距长度,即转动臂杆的中心线距固定端的距离;

$\quad\quad L_1$——加力点到空心圆轴轴心的距离;

$\quad\quad L_2$——千分表到空心圆轴轴心的距离;

$\quad\quad I_P$——圆截面的极惯性矩;

$\quad\quad T$——外力偶矩($T = \Delta P \times L_1$);

$\quad\quad \theta$——扭转角;

Δa——每级荷载在千分表格数的平均读数,每格为 $1/1\,000$ mm。

由扭转角 $\Delta\theta = \Delta a/L_2$ 的关系式,则可得 $\Delta\theta = \Delta a/1\,000L_2$(单位:弧度)。

5.3.4 实验步骤

1. 测定试件直径。根据低碳钢的剪切强度极限 τ_b 估计 T_b 值,设计合适的加载方案。

2. 将千分表正确地安装在表座中,然后将表座移放到转动臂杆下方,使表头接触到转动臂杆的位置距试样轴线的距离为 L_2,并调节好表中指针位置。

3. 将加力臂杆调整到扭转实验装置加力臂杆的上方,使压头的中心线接触到扭转实验装置中加力杆的位置距试样轴线的距离为 L_1。

4. 将力传感器连接到应变仪上,按每次 $\Delta P = 20$ N 进行加载,分五级进行,每加一次,记录下千分表中的读数,然后计算出读数的平均增量 Δa,从而计算出 $\Delta\theta$。

5. 将以上加载过程重复进行三次。

5.3.5 实验结果处理

将所测得的数据代入公式(5.3-1)即可计算出低碳钢的剪切弹性模量 G。

5.4 偏心拉伸实验

5.4.1 实验目的

1. 测定偏心拉伸试样的偏心距和材料的弹性模量。
2. 练习桥路连接方法。

5.4.2 实验设备、仪器和试样

1. 普通万能材料试验机。
2. 静态电阻应变仪。
3. 钢板尺、游标卡尺。
4. 偏心拉伸试样如图 5-8(a)所示,试样两侧面贴有四枚沿试样轴线方向的电阻应变计 R_1、R_2、R_3 和 R_4,并备有温度补偿片供组桥用。

5.4.3 实验原理和方法

用截面法将试样从 $m-n$ 截面截开(图 5-8(b)),该截面上的内力有轴力 P_N 和弯矩 M,大小是

$$P_N = P, \quad M = Pe$$

试样是拉伸和弯曲组合变形。

在试样左侧面: $\sigma_1 = \dfrac{P}{A} + \dfrac{Fe}{W}$ (5.4-1)

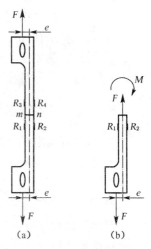

图 5-8 偏心拉伸试样示意图

$$\varepsilon_1 = \frac{1}{E}\left(\frac{P}{A} + \frac{Fe}{W}\right) \tag{5.4-2}$$

在试样右侧面：
$$\sigma_r = \frac{P}{A} - \frac{Pe}{W} \tag{5.4-3}$$

$$\varepsilon_r = \frac{1}{E}\left(\frac{P}{A} - \frac{Pe}{W}\right) \tag{5.4-4}$$

利用以上关系式,结合测量电桥的特性,进行适当的组桥,不难达到实验要求。

5.4.4 实验步骤

1. 用游标卡尺测量试样横截面尺寸 b、h。
2. 估算载荷的初始值 P 和最大值 P_{max}。
3. 掌握试验机的操作方法,准确读取载荷数值。
4. 用 1/4 桥测试法,测定材料的弹性模量 E,偏心拉伸试样的偏心距 e。
5. 用半桥自补偿法测定偏心距 e。
6. 用全桥自补偿法测定偏心距 e。
7. 用全桥或半桥(可以用补偿片)测试法测定材料的弹性模量 E。

5.4.5 实验结果处理

1. 分别画出 1/4 桥、半桥和全桥的接线图。
2. 写出测试目标 E、e 与电阻应变仪读数应变间的关系式。

5.5 叠(组)合梁弯曲的应力分析实验

5.5.1 实验目的和要求

1. 进一步掌握电测法的基本原理及应变仪的操作与使用。
2. 测定叠梁在纯弯曲时梁高度各点正应力的大小及分布规律,并与理论值作比较。
3. 通过实验测定和理论分析,了解两种不同组合梁的内力及应力分布的差别。
4. 学习多点测量技术。

5.5.2 实验设备和仪器

1. 微机控制电子万能试验机,静态应变测试仪。
2. 游标卡尺和钢尺等。

5.5.3 实验原理和方法

在实际结构中,由于工作需要,把单一的梁、板、柱等构件组合起来,形成另一种新的构件形式经常被采用。如支承车架的板簧,是由多片微弯的钢板重叠组合而成;厂房吊车的承重梁则是由钢轨、钢筋混凝土梁共同承担吊车和重物的重量。实际中的组合梁的工作状态是复杂多样的,为了便于在实验室进行实验,实验仅选择两根截面积相同的矩形梁,按以下方式进行组合：(1)用相同材料组成的叠梁；(2)楔块梁。用电测法测定其应力分布规律，观察两种形式组合梁与单一材料梁应力分布的异同点。

叠梁在横向力作用下，若上、下梁的弯矩分别为 M_1 和 M_2，由平衡条件可知，$M_1 + M_2 = M$；若变形后，每根梁中性层的曲率半径分别为 ρ_2、ρ_1，且有 $\rho_2 = \rho_1 + \dfrac{h_1 + h_2}{2}$，则由梁的平面弯曲的曲率方程可知：

$$\frac{1}{\rho_1} = \frac{M_1}{E_1 I_1}, \frac{1}{\rho_2} = \frac{M_2}{E_2 I_2} \tag{5.5-1}$$

式中：$E_1 I_1$ 和 $E_2 I_2$——分别是上、下梁的抗弯刚度。

在小变形情况下(忽略上、下梁之间的摩擦，两者的变形可认为一致)，它们的曲率半径远远大于梁的高度，因此可以认为 $\rho_2 = \rho_1$，故有

$$\frac{M_1}{E_1 I_1} = \frac{M_2}{E_2 I_2}$$

(1) 当叠合梁材质和几何尺寸相同，即 $E_1 = E_2$，$I_1 = I_2$，有

$$E_1 I_1 = E_2 I_2, M_1 = M_2$$

(2) 当叠合梁分别为钢和铝，且钢材与铝材的弹性模量分别为 $E_1 = 2.07 \times 10^5$ MPa，$E_2 = 0.69 \times 10^5$ MPa，即 $E_1 = 3E_2$，同时 $I_1 = I_2 = I$ 时，则有

$$\frac{M_1}{3E_2 I_1} = \frac{M_2}{E_2 I_2}, M_1 = 3M_2$$

由此可知，当叠合梁的材质和惯性矩相同时，弯矩是由参与叠合梁的根数进行等分配的；当材料不同时，其弯矩是依据抗弯刚度来进行分配的。因此，材质不同的两根梁组成的叠合梁(惯性矩相等)，在离各自中性层等距离点的应力是不等的。弹性模量大的材质应力较大，反之，弹性模量小的材质应力较小。

本实验采用钢—钢叠合梁和钢—钢材料组成的楔梁(在试样的两端，在两根梁的接合面上各加一个楔块)以及整梁。材料的 E 相等，所有单根梁的截面几何尺寸相等。

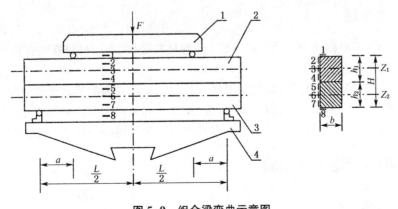

图 5-9 组合梁弯曲示意图
1—纯弯曲分配梁；2—上梁；3—T 梁；4—弯曲台

实验时,在梁的纯弯曲段间某一截面沿高度布置 8 枚电阻片(见图 5-9),测定各测点的正应力,其中任一点的正应力值为

$$\sigma_i = E\varepsilon_i \tag{5.5-2}$$

式中:σ_i——叠合梁 i 点的实测应变;

    E——叠合梁材料的弹性模量。

实验过程中,在弹性极限内仍采用分段等间距加载的方法,即在每施加载荷增量 ΔF_i,测定对应的应变增量 $\Delta\varepsilon_i$,从而得到各测点的实测应力值为

$$\Delta\sigma_i = E\overline{\Delta\varepsilon_i}$$

各测点的理论值

$$\Delta\sigma_i = \frac{\Delta M y_i}{I} \tag{5.5-3}$$

式中:$\overline{\Delta\varepsilon_i}$——第 i 测点应变增量的平均值;

    y_i——第 i 测点到每根叠梁各自中性层 z_i 的距离。

5.5.4 实验步骤

1. 测量叠梁、楔块梁和整梁的尺寸:高度 h 和宽度 b,支座与压头支点间距离,测量各电阻片位置到中性层的距离。

2. 将叠合梁安装在试验机的弯曲台上。

3. 进入 POWERTEST 3.0 软件,确定加载方案,逐级加载测读 $\Delta\varepsilon_i$。

4. 采用单片测量的接线方法,即 AB 桥臂接工作片,BC 桥臂接温度补偿片(另两臂为仪器内的标准电阻),接好线后打开电阻应变仪电源开关,调平仪器,待仪器稳定后,开始正式测读。

5. 完成一种组合梁(例如钢—钢组合梁)测试后,更换另一种组合梁(楔块梁、整梁)重复步骤 1～4 进行测试。

6. 完成全部实验,经教师检查合格后,清理实验现场,关闭电源。

5.5.5 思考题

1. 分析整梁(矩形截面 $H = 2h, B = b$),同种材料叠梁、不同材料叠梁在相同支撑和加载条件下承载能力的大小。

2. 上述三种梁的应力沿截面高度是怎样分布的?画出应力沿梁高度的分布规律。

3. 楔块梁的应力分布有什么特点,它与叠梁有何不同,内力性质有何变化?

4. 根据测试结果如何判断各种梁是否有轴向力作用及轴向力产生的原因。

5.6 工字钢梁弯曲正应力实验

5.6.1 实验目的

1. 用电测法测定两种不同形式的组合梁横截面上的应变、应力分布规律。

2. 观察正应力与弯矩的线性关系。

3. 通过实验和理论分析深化对弯曲变形理论的理解,建立力学计算模型的思维方法。

5.6.2　仪器设备

1. 静态电阻应变仪。

2. 贴有电阻应变片的工字钢梁(弹性模量 $E = 200\,\text{GPa}$)。

3. 游标卡尺。

5.6.3　实验原理

对称工字型截面梁,按图 5-10 所示方式加载及布置应变测点位置。小梁受集中载荷 P 作用后,使试验梁的中段获得纯弯曲区域,载荷作用于纵向对称平面内而且在弹性极限内,故为弹性范围内的平面弯曲问题,纯弯曲梁的正应力公式为

$$\sigma = \frac{My}{I_z} \tag{5.6-1}$$

式中:M——纯弯曲段梁截面上的弯矩,$M = \dfrac{Pa}{2}$;

I_z——横截面对中性轴的惯矩;

y——截面上测点至中心轴的距离。

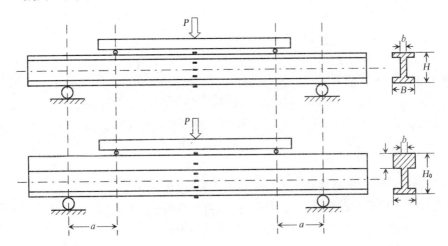

图 5-10　工字梁加载及截面示意图

在各测点沿轴线方向贴上电阻应变片,可测得各点的线应变 ε_i。由于各点处于单向应力状态,由虎克定律得各点正应力为

$$\sigma_i = E\varepsilon_i \tag{5.6-2}$$

式中:ε_i——各测点的线应变;

σ_i——相应各测点的正应力;

E——材料的弹性模量。

试验时采用等间隔分级加载的方法,即每增加一次等量载荷 ΔP,测定一次各点响应的应

变增量 $\Delta\varepsilon_i$。因此在计算应力的实验值及理论值时均应根据载荷增量 ΔP 相应的弯矩增量和应变增量的平均值代入,即

$$\Delta\sigma_{\text{实}i} = E\Delta\varepsilon_{\text{实}i}$$

$$\Delta\sigma_{\text{理}i} = \frac{\Delta My}{I_z}, \Delta M = \frac{\Delta Pa}{2}$$

然后,将实测应力 $\Delta\sigma_{\text{实}i}$ 与理论应力 $\Delta\sigma_{\text{理}i}$ 进行比较。

5.6.4 实验步骤

1. 测量组合梁中各梁的横截面宽度 b,高度 h,力作用点到支座的距离以及各个测点到各自中性层的距离。

2. 分级加上载荷,共分五级加载,每级载荷为 500 N,最大荷载为 2 500 N。

3. 接通静态电阻应变仪电源,分清各测点应变片的引线,把各个测点的应变片和公共补偿片接到应变仪相应的通道,调整应变仪零点和灵敏度值。

4. 每增加一级荷载就记录一次各通道的应变值,直至加到 $F_{\max}$。

5. 按以上步骤再做一次(根据实验数据决定是否再做第三次)。

6. 更换组合梁,按照第 1 步~第 5 步重新加载并记录数据。

7. 测试完毕,将荷载卸去,关闭电源,清理现场,将所用仪器设备放回原位。

5.6.5 结果处理

1. 根据测得的各点应变值,计算出各点的平均应变的增量值 $\Delta\varepsilon_{\text{实}i}$,由 $\Delta\sigma_{\text{实}i} = E\Delta\varepsilon_{\text{实}i}$,计算 1、2、3、4、5 各点的应力增量。

2. 根据上面所得理论公式计算各点的理论应力增量并与 $\Delta\sigma_{\text{实}i}$ 相比较。

3. 将不同点的 $\Delta\sigma_{\text{实}i}$ 与 $\Delta\sigma_{\text{理}i}$ 绘在截面高度为纵坐标、应力大小为横坐标的平面内,即可得到梁截面上的实验与理论的应力分布曲线,将两者进行比较即可验证应力分布和应力公式。

5.6.6 注意事项

1. 在加载过程中切勿超载和大力扭转加力手轮,以免损坏仪器。

2. 测试过程中,不要震动仪器、设备和导线,否则将影响测试结果,造成较大误差。

3. 使用静态电阻应变仪前应先开机,让机器预热至少 30 分钟。

4. 注意爱护好贴在试件上的电阻应变片和导线,不要用手指或其他工具破坏电阻应变片。

5.6.7 思考题

1. 对横力弯曲能否仍用纯弯曲正应力公式 $\sigma = \dfrac{My}{I_z}$ 计算正应力,有无带来过大误差?

2. 在增量法测量中未考虑梁的自重,是不是该考虑还是省略不计?

3. 弯曲正应力的大小是否会受材料弹性模量 E 的影响?

5.7 电阻应变计的粘贴及接桥实验

电阻应变计的粘贴是电测法中一个重要的环节,它起着一个"承上启下"的作用。如果由于贴片工艺不良,将会导致整个应变测试工作不能顺利进行,甚至失败,因此必须给以高度重视。

5.7.1 实验目的

1. 初步掌握常温电阻应变计粘贴技术。
2. 初步掌握贴片所使用的仪器、工具的使用方法。
3. 利用不同的电桥桥路组合进行应变测量,了解提高测量灵敏度和消除误差影响的方法,从而掌握用这种方法解决测量中的实际问题。

5.7.2 实验仪器设备和器材

静态应变测试系统 1 套,等强度梁 1 根,砝码(1 000 g)1 组;常温电阻应变计;砂纸、无水乙醇或丙酮、棉球;502 粘结剂、透明塑料薄膜、胶布;四位电桥、万用表、兆欧表、角向砂轮机;测量导线;电烙铁、松香和焊锡丝、接线端子、镊子、剪刀、剥线钳等工具;硅橡胶密封剂(南大 703 或 704 胶)。

5.7.3 实验方法和步骤

1. 应变计粘贴准备及工艺过程

电阻应变计由敏感栅、基底和覆盖层、粘结剂、引线四部分组成。按应变计敏感栅的材料来分,可把应变计分为金属电阻应变计和半导体应变计。按形式分,可分为直角、45°、60°应变花。按温度来分,可分为高温(300℃以上)、中温(60~300℃)、常温(-30~60℃)和低温(-30℃以下)应变计。这次粘贴的应变计为常温应变计。应变计粘贴工艺过程为:检查—试件表面处理—贴片—固化后处理—粘贴质量检查—应变计防护处理。先外观检查应变计丝栅是否整齐、引出线有无折断等,然后用四位电桥或数字欧姆表测量各应变计的电阻值,选择电阻值相差在 0.1 Ω 以内的应变计供粘贴用。否则,电阻值相差超过 0.5 Ω 以上的应变计将不易调节初始平衡。

2. 试件贴片表面处理

将等强度梁试件待测位置用砂纸打磨出与贴片方向成 45°角的交叉纹路,面积为应变计的 3~5 倍,表面光洁度 1.6~2.5 μm 为宜,用划针在测点处划出贴片定位线,并用浸有无水丙酮的棉球将待贴位置及周围擦洗干净,直至棉球洁白为止,擦的方向始终沿一个方向擦洗。

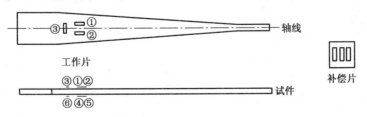

图 5-11 等强度梁示意图

3. 贴片

用镊子(或用手)捏住应变计的引出线,在应变计基底底面上和贴片处涂抹一层薄薄的502 粘结剂后,立即对准划出的定位线将应变计基底面向下平放在试件贴片处,用一小片塑料薄膜盖在应变计上,用手指滚压挤出多余的粘结剂和气泡。手指保持不动约1分钟,使应变计和试件完全粘合后再放开,从应变计无引出线的一端向另一端轻轻揭掉塑料薄膜,用力方向尽量与粘贴表面平行,以防将应变计带起。需要注意的是粘结剂不要用得过多或过少,过多使胶层太厚影响应变计性能,过少则粘结不牢不能准确传递应变。

若构件为混凝土构件,则先将构件上贴片处的表面刷去灰浆和浮尘,用丙酮清洗干净。再用914胶(或102胶)涂刷测点表面,面积约为应变计面积的5倍。914胶由两种成分调配而成,A 为树脂,B 为固化剂,按重量 $A:B=2:1$。调配后需在5分钟内使用,否则就会凝固。涂刷时随时用铲刀刮平,待初凝后不需再刮。若用102胶,比例为 $1:1$ 配置。操作方法同上。对底层这样处理后,可以防水且平整,易于贴片。约一昼夜以后,胶已固化,用砂布打磨光滑平整,并用直尺和画针划出易见的贴片方位。用脱脂棉、无水乙醇将打磨过的表面洗干净,并用棉球沿一个方向擦干,最后用502胶水将混凝土应变计贴在构件上。此外,还应注意,手指不要被502胶粘住,如被粘上可用丙酮泡洗干净。

4. 粘贴质量检查

(1)用万用表检查应变计的电阻值,看有无断路现象,因为粘贴过程中可能丝栅被弄断。

(2)用万用表检查引线与试件间的电阻,查看有无短路现象,因为基底的破损可能使丝栅或引出线的根部与试件表面接触。

(3)检查贴片方位是否正确,如果方位不正确,会严重引起测试误差。

(4)还应检查有无气泡、翘曲等,如有气泡、翘曲将会影响应变的传递。

检查发现有不合格的应变计,应当重新贴片。

5. 应变计的固化

应变计的固化常根据选择的粘结剂而确定固化条件和要求,一般选用室温可以固化的粘结剂,自然干燥时间15~24小时。当采用需要加温固化的粘结剂,应严格按规定进行固化。

6. 应变计的绝缘

固化后的应变计还要用兆欧表进行与试件粘合层的测量,因为应变计接入桥路后,绝缘电阻的存在就相当于在应变计上并联了一个电阻,它的变化会使电桥有输出而引起误差。因此,当绝缘电阻较小时,应变计的零漂、蠕变、滞后就较为严重,使测量误差增大。绝缘电阻的测量方法是:用兆欧表一根表笔与应变计的引出线(一根导线)相连,另一根表笔与试件相连,然后顺时针匀速转动兆欧表摇把,其绝缘应大于 500 MΩ 为好。

7. 导线的焊接与固定

应变计的引线通常用焊锡与测量导线连接。它们之间的连接方式用接线端子或缠贴绝缘胶带两种方法。使用时,先把端子粘贴在连接处,固化后才能把引出线的一端与测量导线的一端分别焊在端子上,再同测量仪器连接。而缠贴绝缘胶带的办法是:用胶带缠贴在连接处,再将测量导线用胶带固定在试件上,然后用烙铁将应变计的引出线与测量导线锡焊。焊点要光滑饱满,防止虚焊,焊接要求准确迅速,时间不宜过长,否则会通过引出线传热将丝栅与引出线焊点熔化而损坏。

8. 应变计的防护

应变计胶层干燥及导线焊好后，应及时涂上防护层，防止大气中的水分或其他介质浸入，最简单的方法是用硅橡胶密封剂(南大703胶)涂在应变计区域表面作防潮层，其室内有效期为1~2年。

5.7.4 注意事项

1. 贴应变计时要看清楚基底面才能涂粘结剂粘贴，若贴反，将导致短路现象。

2. 用无水乙醇或丙酮浸润棉球擦洗试件时，应将棉球挤干，沿一个方向擦拭表面。

3. 应变计的引出线先焊在接线端子上，再将导线的一端焊在端子上；也可以先对导线的裸出段(2~3 mm)上锡后再与引出线焊接，已焊好的导线应及时用胶带固定在试件上。

4. 实验完成后，应将所使用的仪表、器材整理清点归还实验室，并清扫贴片现场。

5.7.5 接桥分析

1. 半桥测量

按图5-12(a)进行接线：(1/4桥)，平衡应变仪(显示为0)，分5级加载到49 N(5个砝码)，再分级卸载至0，每加、卸一级荷载记录一次计数，加载、卸载各进行一次，记录于表1。分别按图5-12(b)(c)(d)接线，一次加载至49 N(每次接线、加载前都要平衡应变仪)记录于表2。

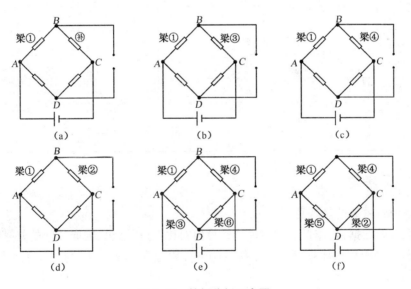

图5-12　接桥分析示意图

2. 全桥测量

分别按图5-12(e)(f)接线，一次加载至49 N(每次接线、加载前都要平衡应变仪)记录于表2。

3. 做一点(补偿片)补多点(工作片)测量

将梁上的六个测点分别接到应变仪上做半桥测量：补偿通道接补偿片；通道1~通道6分别为①~⑥工作片。一次加载40 N，读取各点的数据，记录于表3。测量时重复三次，以取平均。

4. 温度对应变测量的影响

按 3 接法。在不加荷载并且温度补偿片置于常温的情况下,用电吹风加热工作片,观察温度对应变测试的影响。

5.7.6 数据处理

表 1 按(a)图接线试验数据

荷载(N)	加载						卸载				
	0	9.8	19.6	29.4	39.2	49	39.2	29.4	19.6	9.8	0
应变											

表 2 半桥、全桥实验数据表

接线方式	(a)	(b)	(c)	(d)	(e)	(f)
应变/$\mu\varepsilon$						
桥臂系数						

表 3 多点测量

测点		应 变 片					
		1	2	3	4	5	6
应变测量值 $\mu\varepsilon$	第 1 次						
	第 2 次						
	第 3 次						
平均值 $\mu\varepsilon$							
实测泊松比 μ							

5.7.7 思考题

1. 试述桥臂系数的物理意义。

2. 将表 3 的数据自行对比,并与理论计算值对比,分析诸纵、横向片间的差异的原因。

3. 根据表 3 的数据计算等强度梁材料的弹性模量和泊松比,并与理论值比较,讨论它们之间的差异。

4. 简述温度效应及消除方法。

5.8 电阻应变计灵敏系数 K 的测定

5.8.1 实验目的

1. 了解电阻应变计相对电阻变化与所受应变之间的关系。

2. 掌握应变计灵敏系数的测定方法。

5.8.2　试样及设备

1. 等强度梁及加载装置。
2. 钢板尺和游标卡尺。
3. 百分表及磁性表座。

5.8.3　实验原理

根据应变计电阻相对变化与构件应变之间的关系,电阻应变计的灵敏系数可用下式表达:

$$K = \frac{\Delta R/R}{\varepsilon} \qquad (5.8\text{-}1)$$

据此,只要测得电阻应变计的相对电阻变化 $\Delta R/R$ 和相应的应变 ε,则灵敏系数 K 可求。

一般采用轴向应变已知或有简单解析解的力学模型为试样,例如:等弯矩梁、等强度梁均可。我们选用后者,如图 5-13 所示。对于等强度梁,可以写出梁轴向应变:

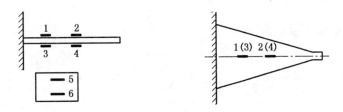

图 5-13　等强度梁贴片示意图

$$\varepsilon_x = \frac{fh}{L_1^2} \qquad (5.8\text{-}2)$$

式中: f——梁端挠度;

$\quad h$——梁的厚度;

$\quad L_1$——梁的跨长。

应变计的相对电阻变化 $\Delta R/R$ 可用精密电桥测得电阻变化 ΔR,与原始电阻比较而得到。也可采用电阻应变仪测出指示应变 $\varepsilon_{仪}$,并根据应变仪所设的灵敏系数 $K_{仪}$ 求得,即

$$\frac{\Delta R}{R} = K_{仪}\,\varepsilon_{仪} \qquad (5.8\text{-}3)$$

采用后者,则应变计的灵敏系数为

$$K = \frac{K_{仪}\,\varepsilon_{仪}}{\varepsilon} \qquad (5.8\text{-}4)$$

5.8.4　实验步骤

1. 用钢板尺和游标卡尺测量等强度梁的跨长 L_1 和厚度 h。
2. 将应变计按工作片和补偿片接成半桥与应变仪连接。
3. 将百分表正确地安装在磁性表座中,然后将表座移放到等强度梁下方,使表头接触到等强度梁的端部,并调节好表中指针位置。

4. 逐点预调平衡。

5. 根据试样的承载能力,确定合适的加载方案,通常按 4～5 级加载测量,达到预定的最大载荷后,再按同样的梯度逐级卸载测量。可重复几次上述测试过程,取较理想的结果进行计算。

5.8.5 实验结果计算

记录下每次加载时等强度梁端部的挠度 f 和电阻应变仪的指示应变 $\varepsilon_{仪}$,依据式(5.8-1)和式(5.8-2)计算应变计的灵敏系数 K。

5.9 力传感器的制作

5.9.1 目的要求

1. 学习电阻应变计式力传感器的设计和制作。
2. 掌握应变计式力传感器的标定和实际使用。

5.9.2 实验设备及器材

1. 试样:钢锯条。
2. 设备及工具:(1)静态电阻应变仪;(2)数字式万用表;(3)电烙铁、镊子、剥线钳、划针、钢板尺等。
3. 材料:(1)电阻应变计;(2)502 胶水;(3)丙酮或无水酒精;(4)砂布、脱脂棉、透明胶纸、导线、接线端子、焊锡等。

5.9.3 实验原理

应变计式力传感器由弹性元件和应变计桥路构成。弹性元件在力作用下产生与它成正比的应变,然后用电阻应变计将应变转换为电阻变化。各应变计组成桥路便于进行测量。

对等截面悬臂梁,贴应变计处的应变用下式计算:

$$\sigma = \frac{6Pl}{bh^2} \tag{5.9-1}$$

式中 l 为载荷 P 到应变计中心的距离,h、b 为梁截面宽和厚度,如图 5-14 所示。

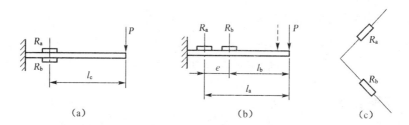

图 5-14 力传感器制作示意图

为消除载荷作用点变化引起的误差,可用测剪力的方法:

$$Q=\frac{\Delta M}{\Delta X}=\frac{M_a-M_b}{I_a-I_b}=\frac{\varepsilon_a-\varepsilon_b}{e}, EW=\left(\frac{\Delta R_a}{R_a}-\frac{\Delta R_b}{R_b}\right)\frac{EW}{eK}\propto(\Delta R_a-\Delta R_b) \qquad (5.9\text{-}2)$$

式中 W 为抗弯截面模量；R_a、R_b 为应变计电阻；ΔR_a、ΔR_b 为应变计阻值变化；M_a、M_b 分别为应变计 R_a、R_b 所在截面上的弯矩；K 为应变计灵敏系数；悬臂梁各截面的剪力 Q 相等并等于外力 P 而与 P 作用点无关。将应变计 R_a、R_b 相邻接成半桥，则应变计阻值变化的差值与电桥输出成比例，即与 Q、P 成比例，此时电桥输出灵敏度有所下降。

5.9.4 实验步骤

1. 在靠近钢锯条的端部正反两面相对的位置各贴上一枚应变计，并相邻接成半桥，连接上电阻应变仪。

2. 在靠近钢锯条端部的同一面相隔 15～20 mm 各贴上一枚应变计，并相邻接成半桥，连接上电阻应变仪。

3. 将钢锯条贴应变计的一端固定，另一端分 3～5 级加砝码，并读出相对应的应变值。算出应变计式悬臂梁力传感器的灵敏系数($\mu\varepsilon/g$)。

4. 找一串钥匙放在另一端，读出应变值，再根据灵敏系数，算出钥匙的实际重量。

用天平称钥匙的重量，并与用力传感器称得的重量进行比较。

5.9.5 实验结果处理

自己设计记录表格，记录下每次加载时电阻应变仪的指示应变 $\varepsilon_仪$，算出应变计式悬臂梁力传感器的灵敏系数($\mu\varepsilon/g$)。比较两种贴片方式的灵敏系数，计算用力传感器称得重量的误差，并分析误差产生的原因。

6 误差分析和数据处理

6.1 误差分析

用各种实验方法测量力、位移、应力、应变等物理量时,不可避免地存在实验误差。充分研究科学实验和测量过程中存在的误差,具有重要的意义:

1. 正确认识误差的性质,分析误差产生的原因,以减小误差或消除某些误差。
2. 正确处理数据,以便得到接近真值的数据和结果。
3. 合理设计和组织实验,正确选用仪器与测量方法,使在一定条件下得到最佳结果。

6.1.1 真值、实验值、理论值和误差

1. 真值:客观上存在的某个物理量的真实的数值。例如实际存在的力、位移、长度等数值,需要用实验方法测量,但由于仪器、方法、环境和人的观察力都不能完美无缺,所以严格说来真值是无法测得的,我们只能测得真值的近似值。一般说的真值是指理论真值、相对真值、最可信赖值。

(1) 理论真值:也称绝对值,如固体力学中对某些问题严格的理论解,数学、物理中理论公式表达值等等。

(2) 相对真值(或约定真值):高一档仪器的测量值是低一档仪器的相对真值或约定真值。

(3) 最可信赖值:某物理量多次测量值的算术平均值。

2. 实验值:用实验方法测量得到的某个物理量的数值。如用测力计测量构件所受的力。

3. 理论值:用理论公式计算得到的某个物理量的数值。如用材料力学公式计算梁表面的应力。

4. 误差:实验误差是实验值与真值的差值。理论误差是理论值与真值的差值。

6.1.2 实验误差的分类

根据误差的性质及其产生的原因可分为三类:

1. 系统误差(又称恒定误差):它是由某些固定不变的因素引起的误差,对测量值的影响总是有同一偏向或相近大小。例如用未经校正的偏重的砝码称重,所得重量数值总是偏小;又如用应变仪测应变时,仪器灵敏系数放置偏大(比应变计灵敏系数值),则所测应变值总是偏小。

系统误差有固定偏向和一定规律性,可根据具体原因采用校准法和对称法予以校正和消除。

2. 随机误差(又称偶然误差):它是由不易控制的多种因素造成的误差,有时大、有时小,有时正、有时负,没有固定大小和偏向。随机误差的数值一般都不大,不可预测但服从统计规律。误差理论就是研究随机误差规律的理论。

3. 粗大误差（又称过失误差）：它是显然与实际不符的误差，无一定规律，误差值可以很大，主要由于实验人员粗心、操作不当或过度疲劳造成。例如读错刻度，记录或计算差错。此类误差只能靠实验人员认真细致地操作和加强校对才能避免。

6.1.3 随机误差的表示法

1. 算术平均值 X_a

由下式计算算术平均值：

$$X_a = \frac{1}{n}(\sum_{i=1}^{n} X_{mi}) \qquad (6.1-1)$$

式中：X_{mi} 为测量值，i 表示某一次数，n 是测量次数，当 $n \rightarrow \infty$ 时，$X_a \rightarrow X_t$（X_t 表示真值）。

2. 标准误差 S

测量值误差 $\delta_i = X_{mi} - X_t$，则标准误差为

$$S = \sqrt{\frac{\sum_{i=1}^{n} \delta_i^2}{n}} \qquad (6.1-2)$$

标准误差是各测量值误差平方和的平均值的平方根，又叫均方根误差，它对较大或较小的误差反应比较灵敏，是表示测量精度较好的一种方法。

6.2 实验数据的直线拟合

在科学实验中常会遇到两个相关物理量有接近于直线的关系，如弹性阶段应力应变关系。有些变量表面上没有直线关系，但是经过简单变量变换之后就表现出直线关系，如两个接近幂函数关系的变量关系 $y = Cx^n$，则取对数以后即呈直线关系 $\log y = \log C + n \log x$。整理这些实验数据时，最简单的办法是根据各实验点的数据直观作图确定近似的直线关系（如图 6-1）。但这种方法在数据点相对分散时，同一组数据就会得到不同的结果。为了更准确、更合理地解决这一数据处理问题，可应用数理统计中直线拟合的方法。该方法可根据实验数据得到最佳的直线关系。现简要介绍如下。

设测试物理量为 $x_1, x_2, \cdots, x_n$，与其对应测试的物理量为 $y_1, y_2, \cdots, y_n$，若设 $y = a + bx$ 为诸试验点的最佳直线关系，显而易见，用 x_i 计算出来的 y_i 与 x_i 对应测试的 y_i 不同，存在一个差值（图 6-1）：

$$\Delta y_i = y_i - (a + bx_i)(i = 1, 2, 3, \cdots, n)$$

根据最小二乘法原理，当观测值的误差 Δy_i 的平方和为最小时确认为最佳直线方程，根据这个条件可以确定系数 a 和 b，从而确定最佳直线方程 $y = a + bx$。

观测值 y_i 的误差 Δy_i 的平方和最小，数学上表示为

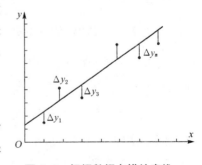

图 6-1 根据数据点描绘直线

$$Q = \sum (\Delta y_i)^2 = \min(i = 1, 2, 3, \cdots, n) \qquad (6.2-1)$$

即 $Q = \sum \left[y_i - (a + bx) \right]^2 = \min$

利用 $\begin{cases} \dfrac{\partial Q}{\partial a} = -2(y_1 - a - bx_1) - 2(y_2 - a - bx_2) - \cdots - 2(y_n - a - bx_n) = 0 \\ \dfrac{\partial Q}{\partial b} = -2x_1(y_1 - a - bx_1) - 2x_2(y_2 - a - bx_2) - \cdots - 2x_n(y_n - a - bx_n) = 0 \end{cases}$

整理后得 $\sum y_i - na - b\sum x_i^2 = 0, \sum x_i y_i - a\sum x_i - b\sum x_i^2 = 0$

引入 $L_{xx} = \sum x_i^2 - \dfrac{\left(\sum x_i\right)^2}{n}, L_{yy} = \sum y_i^2 - \dfrac{\left(\sum y_i\right)^2}{n}, L_{xy} = \sum x_i y_i - \dfrac{\sum x_i y_i}{n}, \bar{x} = \dfrac{\sum x_i}{n}, \bar{y} = \dfrac{\sum y_i}{n}$

则可解出 $b = \dfrac{L_{xy}}{L_{xx}}, a = \bar{y} - b\bar{x}$。

最终获得直线方程 $y = a + bx$。

对于任何一组实验数据,总可以用最小二乘法拟合出一条直线方程来,但是有的数据远离直线,而有的数据可能会很接近直线,仅用拟合出来的直线方程不能反映这种差别,而相关系数 r 可以判别一组数据线性相关的密切程度,相关系数定义为

$$ r = \frac{L_{xy}}{\sqrt{L_{xx}L_{yy}}} \tag{6.2-2} $$

r 的绝对值越接近于 1,表示数据 x_i 和 y_i 的线性关系越好,理想直线关系的数据 $r = 1$。相关系数接近于零,表示 x_i 和 y_i 的直线关系很差,或 x_i 和 y_i 没有直线关系。因此拟合出直线方程以后,通常都要计算相关系数 r,以表示直线相关关系的优劣。

应该指出,直线拟合需要有足够的试验点,直线关系越好(即 r 越接近于 1),试验点数可以减少,但最好不要少于 5,相关关系越差,试验点数必须相应增加,否则直线拟合无效。

6.3 实验数据有效数后第一位数的修约规定

6.3.1 有效数字的位数

有效数字是指在表达一个数量时,其中的每一个数字都是准确的、可靠的,而只允许保留最后一位估计数字,这个数量的每一个数字为有效数字。

1. 纯粹理论计算的结果:如 π,e,$\sqrt{2}$ 和 $\dfrac{1}{3}$ 等,它们可以根据需要计算到任意位数的有效数字,如 π 可以取 3.14,3.141,3.1415,3.14159 等。因此,这一类数量其有效数字的位数是无限制的。

2. 测量得到的结果:这一类数量其末一位数字往往是估计得来的,因此具有一定的误差和不确定性。例如用千分尺测量试样的直径为 10.47 mm,其中百分位是 7,因千分尺的精度 0.01 mm,所以百分位上的 7 已不大准确,而前三位数是肯定准确可靠的,最后一位数字已带

有估计的性质。所以对于测量结果只允许保留最后一位不准确数字,这是一个四位有效数字的数量。

在鉴别有效数字时,数字 0 可以是有效数字也可以不是有效数字。例如,我们用 0.02 精度的卡尺测试样直径,得到 10.08 mm 和 10.10 mm。这里的 0 都是有效数字。在测量一个杆件长度时得到 0.003 20 m,这时前面三个零均非有效数字,因为这些 0 只与所取的单位有关,而与测量的精确度无关。如果采用毫米做单位,则前面的三个 0 完全消失,变为 3.20 mm,故有效数字是三位。另外,像 12 000 m 和 13 000 g,我们很难肯定其中的 0 是否是有效数字。这时最好用指数的表示法,用 10 的方次,前面的数字代表有效数字。如 12 000 m 写为 1.2×10^4 m,则表示有效数字是两位;如果把它写为 1.20×10^4 m,则表示有效数字是三位。现以下列长度测量为例说明有效数字位数:

(a)23 cm;(b)0.001 23 cm;(c)12.03 cm;(d)12.30 cm;(e)12 300 cm。

其中测量(a)的有效数字为三位;测量(b)的有效数字为三位,小数点后的两个 0 仅供指示小数点的位置用;测量(c)的有效数字是四位;测量(d)也是四位有效数字;而测量(e)的形式最为含混,看不出来长度接近于米还是接近于厘米,因此,遇到这种情况,可将其表示为 1.230×10^4 cm 则可以看出有效数字是四位。

3. 自变量 x 和因变量 y 数字位数的取法:因变量 y 的数字位数取决于自变量 x,凡数值是根据理论计算得来的,则可以认为因变量 y 的有效数字位数为无限制的,可以根据需要来选取;若因变量 y 的数值取决于测定量 x 时,因自变量 x 在测定时有误差,则其有效数字取决于实验的精确度。例如,测量拉伸试样的工作直径,其名义值为 10 mm,若用千分尺测量,因其精确度为 0.01 mm,因此,试样直径的有效数字可以是 10.01、10.02、10.03,也可能是 9.99、9.98、9.97 等。根据直径计算的试样横截面积为三位有效数字,再根据实验测得的载荷量计算屈服极限和强度极限,这些应力值的有效数字位数最多取三位。

6.3.2 数值修约规则概述

测量结果及其不确定度同所有数据一样都只取有限位,多余的位应予修约。修约采用国家标准 GB 8107—2012 规定的数值修约规则。修约规则与修约间隔有关。

修约间隔系确定修约保留位数的一种方式。修约间隔的数值一经确定,修约值即应为该数值的整数倍。例如,指定修约间隔为 0.1,修约值即应在 0.1 的整数倍中选取;指定间隔为 100,修约值应在 100 的整数倍中选取,相当于将数值修约到"百"数位。数值修约时首先要确定修约数位:

(1) 指定修约间隔为 10^{-n}(n 为正整数),或指明将数值修约到 n 位小数。

(2) 指定修约间隔为 1,或指明将数值修约到个位数。

(3) 指定修约间隔为 10^n,或指明将数值修约到 10^n(n 为正整数)位数。

进舍规则:

(1) 拟舍弃数字的最左一位小于 5 时,则舍去,即保留各位数字不变。

(2) 拟舍弃数字的最左一位大于 5 或是等于 5,但其后跟有并非全部为 0 的数字时,则进 1,即保留的末尾数字加一位。

(3) 拟舍弃数字的最左一位为 5,而右面无数字或皆为 0 时,若保留的末位数字为奇数(1,3,5,7,9)则进 1,为偶数(2,4,6,8,0)则舍去。以上记忆口诀为"5 下舍去 5 上进,5 整单进双舍去"。

力学试验所测定的各项性能指标及测试结果的数值一般是通过测量和运算得到的。由于计算的特点,其结果往往出现多位或无穷多位数字。但这些数字并不是都具有实际意义。在表达和书写这些数值时必须对它们进行修约处理。

对数值进行修约之前应明确保留几位有效数字,也就是说应修约到哪一位数。性能数值的有效位数主要决定于测试的精确度。例如,某一性能数值的测试精确度为$\pm 1\%$,则计算结果保留四位或四位以上有效数字显然没有实际意义,夸大了测量的精确度。在力学性能测试中测量系统的固有误差和方法误差决定了性能数值的有效位数。

测得金属材料拉伸力学性能数值按下表进行修约。

测试项目	范围	修约到
σ_p,σ_t,σ_r	$\leqslant 200\ \text{N/mm}^2$	$1\ \text{N/mm}^2$
σ_s,σ_{su},σ_{sl}	$> 200 \sim 1\,000\ \text{mm}^2$	$5\ \text{N/mm}^2$
σ_b	$> 1\,000\ \text{N/mm}^2$	$10\ \text{N/mm}^2$
δ_s,δ_g		0.1%
δ	$\leqslant 10\%$	0.5%
	$> 10\%$	1%
ψ	$\leqslant 25\%$	0.5%
	$> 25\%$	1%

实验报告

实验项目名称	**金属材料的拉伸实验**		实验成绩	
实验者		专业班级	批阅教师	
设备编号			实验日期	年 月 日

第一部分:实验预习报告【一、实验目的、意义;二、主要设备、仪器、量具;三、实验基本原理】

四、实验步骤

第二部分:实验过程记录(包括实验数据记录,实验现象记录)(可附加页)

低碳钢实验数据记录表

	试　验　前	试　验　后
试件尺寸	标距 $L = 100$ mm　直径 $d =$　mm 截面面积 $A =$　mm^2	标距 $L_1 =$　mm　直径 $d_1 =$　mm 截面面积 $A_1 =$　mm^2
试件简图		

铸铁实验数据记录表

	试　验　前	试　验　后
试件尺寸	直径 $d =$　mm 截面面积 $A =$　mm^2	
试件简图		

续表

力与位移曲线比较表

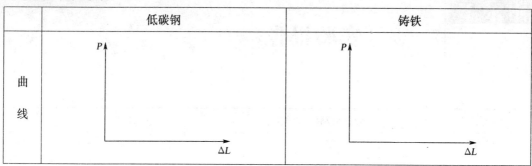

	低碳钢	铸铁
曲线		

第三部分:结果与讨论(可附加页)

实验结果分析(包括数据处理、实验现象分析、影响因素讨论、综合分析和结论)

1) 低碳钢强度指标:

屈服载荷 $P_s =$ 　　　　　　　屈服强度 $\sigma_s = \dfrac{P_s}{A} =$

最大载荷 $P_b =$ 　　　　　　　强度极限 $\sigma_b = \dfrac{P_b}{A} =$

低碳钢塑性指标:

延伸率 　　　　$\delta = \dfrac{L_1 - L}{l} \times 100\% =$

截面收缩率 　　$\psi = \dfrac{A - A_1}{A} \times 100\% =$

2) 铸铁强度指标:

最大载荷 $P_b =$ 　　　　　　　强度极限 $\sigma_b = \dfrac{P_b}{A} =$

思考题

实验项目名称		**金属材料的压缩实验**		实验成绩		
实验者		专业班级		批阅教师		
设备编号				实验日期	年 月 日	

第一部分：实验预习报告【一、实验目的、意义；二、主要设备、仪器、量具；三、实验基本原理**】**

四、实验步骤

第二部分：实验过程记录（包括实验数据记录、实验现象记录）（可附加页）

实验数据记录表

材料	直径 d(mm)	截面面积 A(mm^2)	试验前试件形状图
铸铁			
低碳钢			

续表

力与位移曲线及断口比较表

	力与位移的曲线	断口（变形）形式
低碳钢	P ↑ ΔL	
铸铁	P ↑ ΔL	

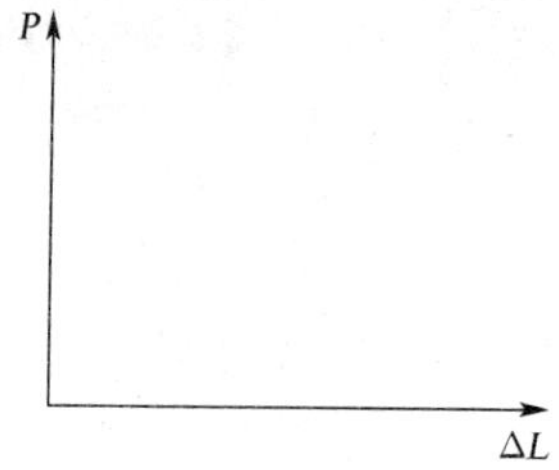

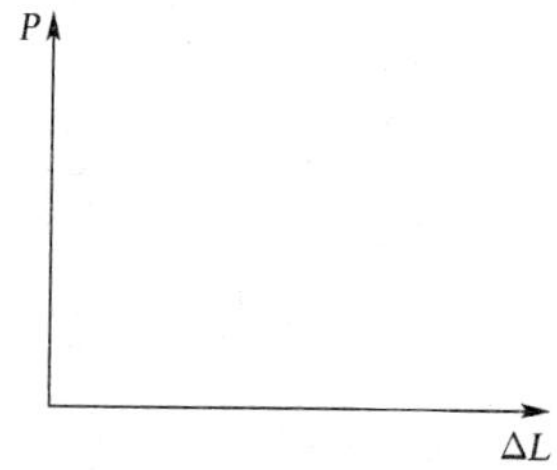

第三部分　结果与讨论（可附加页）

实验结果分析（包括数据处理、实验现象分析、影响因素讨论、综合分析和结论）

低碳钢：

$$\text{屈服载荷 } P_s = \qquad\qquad \text{屈服强度 } \sigma_s = \frac{P_s}{A} =$$

铸铁：

$$\text{最大载荷 } P_b = \qquad\qquad \text{抗压强度 } \sigma_b = \frac{P_b}{A} =$$

思考题

实验项目名称	**金属材料的扭转实验**		实验成绩	
实验者		专业班级	批阅教师	
设备编号			实验日期	年 月 日

第一部分：实验预习报告【一、实验目的、意义；二、主要设备、仪器、量具；三、实验基本原理】

四、实验步骤

第二部分：实验过程记录（包括实验数据记录、实验现象记录）（可附加页）
实验数据记录表

试验材料	试件直径 d(mm)	抗扭截面模量 W_t(mm^3)	屈服扭矩 M_t(N$-$m)	屈服强度 τ_s(MPa)	最大扭矩 M_b(N$-$m)	强度极限 τ_b(MPa)
低碳钢						
铸铁						

续表

扭矩与扭转角曲线及断口比较表		
	扭矩与扭转角曲线	断口形式
低碳钢	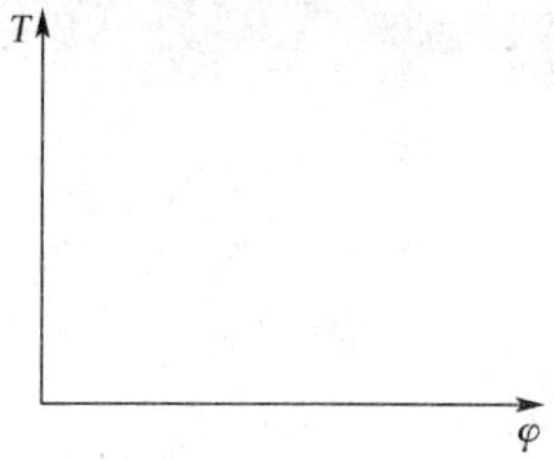	
铸铁	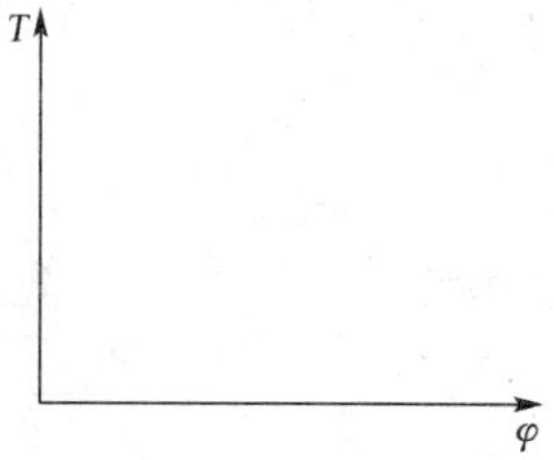	

第三部分:结果与讨论(可附加页)

实验结果分析(包括数据处理、实验现象分析、影响因素讨论、综合分析和结论)

低碳钢:

$$\text{扭转屈服强度:} \qquad \tau_s = \frac{T_s}{W_t} =$$

$$\text{抗扭强度:} \qquad \tau_b = \frac{T_b}{W_t} =$$

铸铁:

$$\text{抗扭强度:} \qquad \tau_b = \frac{T_b}{W_t} =$$

思考题

实验项目名称	**纯弯曲梁正应力实验**		实验成绩	
实验者		专业班级	批阅教师	
设备编号			实验日期	年 月 日

第一部分:实验预习报告【一、实验目的、意义;二、主要设备、仪器、量具;三、实验基本原理(电测实验要画装置简图及贴片位置图)】

四、实验步骤

第二部分:实验过程记录(包括实验数据记录、实验现象记录)(可附加页)

实验原始数据表

名称	b (mm)	h (mm)	a (mm)	E (GPa)	I_z (mm^4)	材质	电阻值 Ω	灵敏系数
数值						Q235	120	2.07

实验记录表

载荷 P(N)		电阻应变仪读数 （×10^{-6}）					
累计 P_i	增量 （ΔP_i）	测点 1 (01 号)		测点 2 (02 号)	测点 3 (03 号)	测点 4 (04 号)	测点 5 (05 号)
		累计 ε_{1i}	增量 $\Delta\varepsilon_{1i}$	累计 ε_2	累计 ε_3	累计 ε_4	累计 ε_5
0		0		0	0	0	0
平均值 $\Delta P =$		$\Delta\varepsilon_1 =$					

表中的平均值计算公式: $\Delta P = \sum \Delta P_i / 4$ $\quad \Delta\varepsilon_1 = \sum \Delta\varepsilon_{1i} / 4$

续表

第三部分：结果与讨论（可附加页）

实验结果分析（包括数据处理、实验现象分析、影响因素讨论、综合分析和结论）

梁上表面（01 号应变计）应力值计算：

理论应力公式（$y = h/2$）：

$$\sigma = \frac{My}{I_z} =$$

实验应力公式：

$$\sigma' = E\Delta\varepsilon_1 =$$

应力相对误差公式：

$$\Delta(\sigma) = \left| \frac{\sigma - \sigma'}{\sigma} \right| \times 100\%$$

思考题

实验项目名称	弯扭组合变形主应力实验		实验成绩	
实验者		专业班级	批阅教师	
设备编号			实验日期	年 月 日

第一部分:实验预习报告【一、实验目的、意义;二、主要设备、仪器、量具;三、实验基本原理(电测实验要画装置简图及贴片位置图)】

四、实验步骤

第二部分:实验过程记录(包括实验数据记录、实验现象记录)(可附加页)

原始数据表

测点到自由端距离 L_2(mm)	加力臂长度 L_1(mm)	外径 D(mm)	内径 d(mm)	弹性模量 E(GPa)	泊松比 μ

实验数据记录表

载荷 P(N)		电阻应变仪读数 （$\times 10^{-6}$）					
累计 P_i	增量 ΔP_i	累计(07) $(\varepsilon_{45})i$	增量 $\Delta(\varepsilon_{45})i$	累计(08) $(\varepsilon_0)i$	增量 $\Delta(\varepsilon_0)i$	累计(09) $(\varepsilon_{-45})i$	增量 $\Delta(\varepsilon_{-45})i$
0		0		0		0	
平均值 $P=$		$\varepsilon_{45}^0=$		$\varepsilon_0^0=$		$\varepsilon_{-45}^0=$	

表中的平均值计算公式:$\varepsilon_0^0 = \sum \Delta \varepsilon_0 / 5$　　$\varepsilon_{-45}^0 = \sum \Delta \varepsilon_{-45} / 5$

$\varepsilon_{45}^0 = \sum \Delta \varepsilon_{45} / 5$　　$P = \sum \Delta P / 5$

续表

第三部分:结果与讨论(可附加页)

实验结果分析(包括数据处理、实验现象分析、影响因素讨论、综合分析和结论)

主应力的理论计算:

正应力: $\qquad \sigma_w = \dfrac{M_{EW}}{W_2} =$

$$W_t = \dfrac{\pi D^3}{16}(1 - \alpha^4) =$$

切应力: $\qquad \tau_w = \dfrac{M_{ET}}{W_t} =$

主应力: $\qquad \sigma'^1_3 = \dfrac{\sigma}{2} \pm \sqrt{\left(\dfrac{\sigma}{2}\right)^2 + \tau^2} =$

主应力方位: $\qquad \tan 2\alpha'_0 = \dfrac{-2\tau}{\sigma} =$

实验数据计算的主应力和方位:

$$\begin{cases} \sigma_1 \\ \sigma_3 \end{cases} = \dfrac{E}{2}\left[\dfrac{\varepsilon_{-45} + \varepsilon_{45}}{1-\mu} \pm \dfrac{1}{1+\mu}\sqrt{(\varepsilon_{45} - \varepsilon_{-45})^2 + (2\varepsilon_0 - \varepsilon_{45} - \varepsilon_{-45})^2}\right]$$

$$\tan 2\alpha_0 = \dfrac{\varepsilon_{45} - \varepsilon_{-45}}{2\varepsilon_0 - \varepsilon_{-45} - \varepsilon_{45}}$$

相对误差:

$$\Delta(\sigma) = \left|\dfrac{\sigma'_1 - \sigma_1}{\sigma'_1}\right| \times 100\% \qquad \Delta(\alpha) = \left|\dfrac{\alpha_0 - \alpha'_0}{\alpha'_0}\right| \times 100\%$$

画理论计算的主单元体: 　　　　　　　画实验数据计算的主单元体:

思考题

材料力学实验性能试验的国家标准名称

1. GB/T 228.1—2010 《金属材料拉伸试验 第 1 部分:室温试验方法》
2. GB/T 22315—2008 《金属材料弹性模量和泊松比试验方法》
3. GB/T 5028—2008 《金属材料薄板和薄带拉伸应变硬化指数(n 值)的测定》
4. GB/T 7314—2017 《金属材料室温压缩试验方法》
5. GB/T 10128—2007 《金属材料室温扭转试验方法》
6. YB/T 5349—2014 《金属材料弯曲力学性能试验方法》
7. GB/T 229—2007 《金属材料夏比摆锤冲击试验方法》
8. GB/T 1040—2006 《塑料拉伸性能的测定》
9. GB/T 1041—2008 《塑料压缩性能的测定》
10. GB/T 9341—2008 《塑料弯曲性能的测定》
11. GB/T 1447—2005 《纤维增强塑料拉伸性能试验方法》
12. GB/T 8489—2006 《精细陶瓷压缩强度试验方法》
13. GB/T 6569—2006 《精细陶瓷弯曲强度试验方法》
14. GB/T 10700—2006 《精细陶瓷弹性模量试验方法弯曲法》
15. GB/T 8813—2008 《硬质泡沫塑料压缩性能的测定》
16. GB/T 2567—2008 《树脂浇铸体性能试验方法》
17. GB/T 1450—2005 《纤维增强塑料层间剪切强度试验方法》
18. GB/T 4161—2007 《金属材料平面应变断裂韧度 KIC 试验方法》
19. GB/T 1451—2005 《纤维增强塑料简支梁式冲击韧性试验方法》

常用金属材料的力学性能

材料名称	牌号	σ_s(MPa)	σ_b(MPa)	δ_5%(不小于)
普通碳素钢 (GB/T 700—2006)	Q235 Q275	185～235 215～275	370～500 410～540	24 20
优质碳素结构钢 (GB/T 699—2015)	40 45	335 355	570 600	19 16
低合金高强度结构钢 (GB/T 1591—2008)	12Mn 16Mn	235～294 275～343	392～441 471～510	19～21 19～21
合金结构钢 (GB/T 3077—2015)	40Cr 50Mn2	785 785	980 930	9 9
球墨铸铁 (GB/T 1348—2009)	QT40—17 QT60—2	245($\sigma_{0.2}$) 412($\sigma_{0.2}$)	392 588	17 2

注:表中 δ_5 指 $l = 5d$ 的标准试件的延伸率。

参考文献

[1] 张竞.材料力学实验指导书[M].北京:水利水电出版社,2017

[2] 李永信.材料力学实验指导(第2版)[M].武汉:武汉理工大学出版社,2017

[3] 刘鸿文,李荣坤.材料力学实验(第4版)[M].北京:高等教育出版社,2017

[4] 古滨.材料力学实验指导与实验基本训练(第2版)[M].北京:北京理工大学出版社,2016

[5] 付朝华,胡德贵.材料力学实验[M].北京:清华大学出版社,2010

[6] 梁丽杰,杨兆海.材料力学实验[M].北京:中国电力出版社,2012

[7] 熊丽霞,吴庆华,等.材料力学实验[M].北京:科学出版社,2006